除了快乐，
我一无所有

瞿然 ◎ 著

中国华侨出版社

图书在版编目（CIP）数据

除了快乐，我一无所有 / 瞿然编著 . -- 北京：中国华侨出版社，2015.12
ISBN 978-7-5113-5877-6

Ⅰ.①除… Ⅱ.①瞿… Ⅲ.①快乐—通俗读物 Ⅳ.① B842.6-49

中国版本图书馆 CIP 数据核字 (2015) 第 318612 号

●除了快乐，我一无所有

编　　著	瞿　然
责任编辑	叶　子
封面设计	三　石
经　　销	新华书店
开　　本	710 毫米 × 1000 毫米　1/16　印张 20.5　字数 297 千字
印　　刷	三河市金轩印务有限公司
版　　次	2016 年 5 月第 1 版　2016 年 5 月第 1 次印刷
书　　号	ISBN 978-7-5113-5877-6
定　　价	39.00 元

中国华侨出版社　北京市朝阳区静安里 26 号通成达大厦 3 层　邮编 100028
法律顾问：陈鹰律师事务所
编辑部：（010）64443056　64443979
发行部：（010）64443051　64439708
网　址：www.oveaschin.com
E-mail：oveaschin@sina.com

前　言

英国诗人雪莱说："如果冬天来了，春天还会远吗？"

不知不觉中，春天来了，一个快乐的季节来了。

踏着轻快的脚步，沐浴着暖暖的春风，我们迎来了快乐的盛宴。山坡上，幽谷中，小溪旁，我们看到了一个快乐的季节：杜鹃花一团团，一簇簇，开得那么耀眼和绚丽，春色暖先开，明媚谁人不看来；桃花的一抹红色像极了孩子脸上的笑容，是那么的灿烂和夺目；多姿多彩的油菜花在风中起舞，那轻轻摆动的身子曼妙而轻盈，翩翩起舞的蝴蝶穿梭在花丛中，这是一幅多么美妙的景象……草儿泛起了青绿，枝条抽出了嫩芽，融化的冰水涌入大江河流，它们唱着悦耳的歌声，昼夜不停，向前奔流不息。褪去了冬天的厚重和萧索，春天的生机勃勃让人充满了希望，充满了期盼，充满了快乐，充满了对生命的渴望。

当我们置身于山岗之上，当我们漫步在潺潺的溪水旁，这快乐的季节让我们痴迷，让我们陶醉。

大地苏醒，万物复苏，我们迎来了快乐的盛宴。

草坪上传来银铃般的笑声，孩子们在仰望天空。快乐的翅膀在春季里怒放，风筝也在飞翔：有翱翔于天际的老鹰，有威武的长龙，有游走的小鱼，还有灵巧的燕子……太阳的余晖照在风筝上，也照在孩子们如花儿般的笑脸上，和煦的春风轻抚过脸庞，让我们沉醉在无尽的快乐里……

夕阳西下，天空归于平静。草坪上的人们逐渐散去，孩童意犹未尽地抱着风筝渐渐走远，一摄影师用相机记录下了这最美的时刻。

举目眺望，淡蓝的天空上飘着几朵被夕阳染成金色的云，所有的花儿、草儿都被笼罩在其中，那梦幻般的颜色让人流连忘返。有位老人手拄拐杖，眯着眼睛朝远处望去，他看到了花开的希望，看到了金色的夕阳，看到了快乐而幸福的晚年，正缓缓地朝他走来。

人生如此美好，你有什么理由不快乐?

生命短短几十年，快乐是一天，不快乐也是一天，那为什么不快乐地过呢?所以，你不妨翻开此书，让我们一起寻找那快乐的明天吧!

目录

第1章　快乐，你懂吗 / 001

快乐是一种不需要理由的选择 …………………002

你为什么不快乐 …………………………………008

快乐其实很简单 …………………………………015

换一种想法，让好心情常伴 ……………………019

我快乐，所以我成功 ……………………………023

每天给自己一个希望 ……………………………026

第2章　生活需要快乐点缀 / 029

快乐是一种不需要任何条件的生活态度 ………030

快乐是一种正面的思维习惯 ……………………034

快乐是每个人身边的"忘忧草" …………………037

用幽默来调节身心 ………………………………040

让你的生活不再有空虚的影子 …………………043

用微笑面对生活 …………………………………045

快乐需要自己去制造 ·················· 047

第3章　不要让坏情绪遥控你的心 / 051

摆正心态，面对世间一切 ·················· 052
快乐是充满阳光的人生哲学 ·················· 058
不要被愤怒冲昏头脑 ·················· 062
自卑的土壤长不出快乐的禾苗 ·················· 067
虚荣叩不开快乐的大门 ·················· 070
自私毁灭心灵 ·················· 072
让乐观主宰自己 ·················· 074

第4章　平平淡淡才是真 / 083

知足是一种心态 ·················· 084
控制欲望，简化自己的人生 ·················· 086
浇灭贪婪欲望，顺从自然的本心 ·················· 088
平淡的日子，不平淡的感觉 ·················· 095
幸福的最美诠释 ·················· 097
淡看失败，不要让自己活得太累 ·················· 100
给心灵放个假 ·················· 105
无所求是一种境界 ·················· 110

第5章　爱自己，爱生活 / 113

爱是生活的必需品，能真正改变生命 ·················· 114
宽容地对待自己 ·················· 118

多进行自我鼓励 ……………………………………………122

每天给自己一个好心情 ……………………………………125

爱自己，爱他人 ……………………………………………128

不要在浮躁中迷失自己 ……………………………………134

投入生活，抓住身边的快乐 ………………………………136

第6章 爱他人，爱世界 / 139

常怀一颗感恩的心 …………………………………………140

主动结交更多的朋友 ………………………………………144

多行善举，是一生要修的功课 ……………………………148

不吝啬自己的赞美 …………………………………………151

播撒一颗颗快乐的种子 ……………………………………153

帮助别人，快乐自己 ………………………………………156

爱让人充满快乐和力量 ……………………………………159

"独"快乐，不如"众"快乐 ………………………………161

幸福的意义在于付出，而不是索取 ………………………165

第7章 宽容多一分，愁容少一点 / 169

宽容的真谛 …………………………………………………170

放宽心，别和自己过不去 …………………………………174

做真正心胸宽广的人 ………………………………………177

静坐常思己过 ………………………………………………181

忍一时，风平浪静 …………………………………………183

退一步，海阔天空 …………………………………………187

拾起宽容，抛弃傲慢 ················190

第 8 章　认清自己，克服人性的弱点 / 193

　　认清自己，快乐从心出发 ················194

　　丢掉自我的伪装 ················198

　　接受不完美的自己 ················201

　　学会给自己定位 ················205

　　学会解压，降低自己的期望值 ················208

　　克服人性弱点，让你的人生赢在起跑线上 ················212

　　拒绝卑微，谱写快乐生活 ················218

　　心怀梦想，创造幸福奇迹 ················220

第 9 章　端正心态，笑看风起云涌 / 223

　　抱怨会让你远离快乐 ················224

　　笑对人生困境 ················227

　　敢于接受无法改变的事实 ················230

　　走出曾经的阴影，正视当下的处境 ················232

　　失败可以激发潜能 ················236

　　坚守信念，守护快乐 ················239

　　正面看人生，处处有生机 ················242

　　每天进步一点点 ················244

第 10 章　苦中作乐，方显英雄本色 / 247

　　福祸相依，乐观看待一切 ················248

苦难是进身之阶 ·················· 251

哪里跌倒，哪里爬起 ················ 256

静下心来体味生活的真正味道 ············ 259

不自暴自弃 ···················· 263

心境是成功的法宝 ················· 266

第11章 放下包袱，轻装前行 / 269

是什么让我们左右为难 ··············· 270

放下就是快乐 ··················· 276

不要无端地为自己增加负担 ············· 279

有舍便有得 ···················· 282

选择适合自己的抱负 ················ 285

忘记过去的一切不快 ················ 288

拿得起，放得下 ·················· 291

停下匆忙的脚步 ·················· 293

第12章 如此简单，如此快乐 / 297

选择积极的心态 ·················· 298

掌握快乐的主动权 ················· 300

平静是一种幸福 ·················· 303

正确的选择令生活充满愉悦 ············· 305

淡泊，让幸福清净而从容 ·············· 309

化繁为简的幸福准则 ················ 311

改变环境，不如改变自己 ·············· 315

第1章

快乐，你懂吗

苏格拉底的学生曾经问过他这样一个问题："老师，您的心情为什么总是那么好呢？我可从未见您皱过眉头啊！"

苏格拉底回答："因为我没有那种失去了它就使我感到遗憾的东西。"

快乐是一种不需要理由的选择

戴尔·卡耐基说:"快乐并不在乎你是谁或者你拥有一些什么,它只在乎你想的是什么。"

人的一生中,我们每一个人都在扮演着不同的角色,经历许许多多的事情,尝尽苦辣酸甜。但不管怎样,我们每一个人都是主角,也一定要把快乐视为自己最基本的责任。

也许会有人问你:"如何才能让自己感到快乐呢?"

"你是希望有钱、有权、有名、有利,或者希望拥有一栋豪华的别墅,还是希望身边有爱你、关心你、喜欢你的人呢?你是否想过如何才能使自己快乐呢?"其实,你能够得到快乐并不需要具备什么特定的条件,理由是真正快乐的人,并不需要任何原因而快乐,他们本身就是快乐的。

"如果有更多的好事情在我身边发生,我就觉得幸福了。"

"如果能顺顺利利地通过考试,我就觉得幸福了。"

"如果他能够对我再好一点儿,我就觉得幸福了。"

我们经常会这样说起,我们甚至还会认为只有当一些事情发生以后,才能拥有快乐与幸福,然而有许多的事情是难遂人愿的,因此不管我们是否有钱,是否有人关爱,我们依旧会觉得自己无法体会到快乐。

朋友们,让我们一起来认真地想一想,许多游客在观看日出的时候,你认为他们当中谁是那个不快乐的人?是那个感觉只要有太阳的存在就是一种美好的人,还是那个一心只希望看到灿烂日出的人呢?答案是很明了的,当人们心中认定一定要怎么样才能够开心时，快乐就会变成遥不可及的事情。

一首名为《快乐颂》的流行歌曲，有这样一句十分经典的歌词："快乐其实也没有什么道理。"它之所以会被人们广为传唱，是因为歌词中很简单明了地说出了一个人的快乐是不需要任何理由。我们每一个人都希望自己拥有愉悦的人生，然而，我们却会时不时地看到一些整天愁眉苦脸的人，不是哀叹自己的生活的不幸，就是羡慕他人的快乐生活，难道他们的处境真的有这么不幸吗？

然而，有时候在你看来是不幸的事情，完全是因为你的眼睛只注意到它们的不好的一面，而忽略了它们美好的地方。假如你能够换个角度去看待事物，这些事情很有可能会以另一种崭新的风貌呈现在你的眼前。

在你所认识的朋友当中，谁看起来最快乐呢？如果你认真留意的话，你会发现：最快乐的人，永远都会是那个随时随地能够挖掘出生活乐趣，并且懂得享受生活的人。也许他只是因为早晨的一杯热咖啡、一件干净的衬衫、一床暖和的棉被，就能够体会到快乐。但是，在实际生活中，有许多人对此却一点儿也没有体会到，往往视而不见！

现实生活中，许许多多的人极力想捕捉住快乐，但是却又不相信快乐有时候是那么轻易地就能得到的。如同我们忽视了自己身边的鲜花，而极力地去打造一个人造花园一样。其实，你只要停下追逐的脚步，好好地思量一番，我们的快乐，不就是身边许许多多小小的满足汇集而成的吗？

假如你对每天坐在电视机前的时光感到厌倦，那就关掉电视，拿起书本阅读或者外出散步；假如你对工作感到厌倦，那就休息一下，浏览一下报纸上的分类广告；假如你对你和另一半的生活感到厌倦，那你就做一些不同于平常的事情——相约周末来一个小小的旅行，或者筹划一个令人惊喜的聚会；假如你对一成不变的东西感到厌倦，那你就可以培养一下自己有关艺术方面的兴趣，例如看一部经典影片，参加一个绘画展览，参加一个绘画班，或者做一些自己感兴趣的事情。

难道这个世界真得缺少快乐吗？不，我们所缺少的只是发现快乐的眼睛。

林肯说过，一个人只要想快乐，就可以得到快乐；大多数人所能达到的快乐的程度，完全取决于他们决定如何去快乐。

快乐掌握在你自己的手中，如果你愿意，你可以随时调换手中的遥控器，将快乐频道在你的心灵视窗前呈现。

什么是快乐呢？一位朋友曾讲过他的一次经历：

有一天，我在下班后，乘坐公共汽车回家。当时车上的人十分多，显得特别拥挤。有一对恋人站在我面前，他们热情地互相挽着，女孩的背影看上去魅力四射，她那时髦的金黄色的头发披散在肩上，身穿今夏最流行的吊带裙，露出香肩，一个典型都市女孩的形象，时尚、前卫、性感。他们低声细语，男士也很配合，不时发出欢快的笑声。笑声不加节制，好像是在向车上的人宣告："你看，我比你们快乐得多！"这笑声使得许多人将目光投向他们，大家好像都带着艳羡的目光，不，我发觉到他们的眼神里还有一种惊讶，难道是女孩美得让人感到吃惊？

那个时刻，我也有一种冲动，非常想认真地看看那个女孩的脸，想看那张脸上洋溢着的幸福会是什么样子。但是，女孩没回头，她的眼里只有她的情人。过了不久，他们大概聊到了电影《泰坦尼克号》，这时那女孩轻轻地哼起了那首主题曲，女孩的嗓音很美，把那首缠绵悱恻的歌处理得恰到好处，虽然只是随便哼哼，却带着一分动人的情感，这情感中有一种特别动人的力量。

如此敢于在人群里放声地欢歌，我想此人一定足够幸福和自信。这样想来，心里便有些酸酸的，像我这样从内到外都极为平凡、形单影只的人，何时才能这样旁若无人地哼唱？很凑巧的是，那对恋人和我在同一站下了车，这让我有机会看清女孩的脸，我的心里有些紧张，不知道自己将会看到一个什么样的令人赏心悦目的佳人。可就在我大步流星地赶上他们并回头观望时，瞬间惊呆了，对于片刻之前车上的人那种惊诧的眼神，我终于能够理解了。

大家一定无法想象，我看到的是一张什么样的脸！那是一张被烧坏了的脸，用"触目惊心"这个词来形容一点也不夸张！真不懂，这样的女孩在大庭广众之下为什么然会有那么快乐的心境。

讲完故事之后，这位朋友深深地叹了口气感慨道："上帝真是够公平的，他虽然把不幸给了那个女孩，但是同时也把乐观的心情给了那个女孩"

实际上，我们每个人心灵深处都有一个影子，那个影子不是上帝，而是我们自己。世上没有绝对幸福的人，只有不肯快乐的心。你必须掌握好自己的心舵，主动地来支配自己的命运。你是否能够对自己的心下达命令呢？倘若生气时就生气，悲伤时就悲伤，懒惰时就偷懒，这些并不是好的现象，只不过是顺其自然罢了。

有这么一句话："妥善调整过的自己，比世上任何君王都更加尊贵。"由此可知，妥善调整自己比什么都重要。任何时候都必须明朗、愉快、欢乐、勇敢地掌握好自己的心舵。

其实，许多人都在刻意地追求所谓的快乐，有的人虽然得到了，但也付出了沉重的代价。一位哲人说过："快乐究竟是什么？其实，是种感觉，是种只可意会、不可言传的感觉。"

曾经有这样一位商人，要把自己的儿子派往世界上最有智慧的人那儿去请教幸福的秘密，少年在沙漠里走了整整40天，终于来到一座位于山顶上的美丽城堡，在那里住着他要寻找的智者。

少年走进了一间大厅，他目睹了一个场面：商人们进进出出，每个角落都有人在进行交谈，一支小乐队在演奏柔和的乐曲，一张

第1章 快乐，你懂吗 | 005

桌子上摆满了那个地区最好的美味佳肴。这的确是一个热闹非凡的场面。智者正在一个个地和每一个人谈话，因此，少年必须要等两个小时才能轮到。

两个小时后，少年见到了智者，并将来访的原因告诉了智者，智者很认真地听了，但他说此刻他没有那么多的时间向少年解说幸福的秘密。他给少年提了一个建议："在我的宫殿里转上一圈，两个小时后再回来找我。"

"与此同时我要求你办一件事。"智者边说边把一个汤匙递给少年，并在里面滴了两滴油，"当你走路的时候，将这个汤匙拿好，不要让油洒出来。"

接下来，少年开就始沿着宫殿的台阶上上下下，眼睛始终紧盯着汤匙，一点儿也马虎不得。两个小时后，他再次来到智者的面前。

"我餐厅里的波斯地毯你看到了吗？园艺大师花多年心血创造出来的花园了你看到了吗？我图书馆里那些美丽的羊皮纸文献你注意到了吗？"智者问道。

少年非常尴尬，他坦率地承认他什么也没有看到。他当时唯一关注的只是智者交付给他的事——不要让油从汤匙里洒出来。

"那么，年轻人，就请你再回去见识一下我这里的种种珍奇之物吧。"智者说，"如果你不了解一个人的家，你就不能信任他。"

这一回，少年轻松多了。他拿起汤匙重新回到宫殿漫步。他注意到了天花板和墙壁上悬挂的所有艺术品，观赏了花园和四周的山景，看到了花儿的娇嫩，注意到每件艺术品都被精心地摆放在恰如其分的位置上。当他再回到智者的面前时，少年将他所见到的一切十分仔细地向智者讲述了一番。

"可是我交给你的两滴油在哪里呢？"智者问道。

少年朝汤匙望去，发现油已经洒光了。

"那么，这就是我要给你的唯一忠告，"智者说道，"幸福的秘密在于欣赏世界上所有的奇观异景时候，也永远不要忘记汤匙里的两滴油。"

幸福是什么，也许100个人就有100个答案。但是，如果我们能够在有限的生命里，既能享受到生命过程的乐趣，又能把握人生的课题，这就是所谓的幸福的秘密了吧！

你为什么不快乐

快乐就是一道取舍题，你快乐与否和你是谁、你拥有什么或者你处于何种地位、在做些什么事情都没有必然联系。只要你选择了快乐，快乐就属于你。

一、过于追求完美

日常生活中，也许你会常常看到这样的人：

"勿在地毯上行走，因为刚刚打扫过。""这份文件，绝对不能有任何错误。""没有最好，只有更好。"……这些人，有一个统称：完美主义者。他们有的追求工作上的完美，容不得一点瑕疵；有的追求人际交往上的完美，容不得别人对自己有半点不满；有的则是追求生活上的完美，每个细节都要做到最好……

然而，此类人往往不会那么容易得到快乐。

有这样一句话：一个一味追求完美境界的人，往往既是自我嫌弃的弱者，又是挑剔别人的高手。当自己不能达到理想中的完美高度时，很轻易地会自我否定，或作茧自缚，或自暴自弃；当别人没有达到自己所期望的那样时，又百般挑剔，心怀不满和怨恨。追求完美的人，在精神和感情上只享用"纯净水"，而无视"自来水"。"纯净水"虽然清澈洁净，无半点杂质，但是"水至清则无鱼"。

一个刻意追求完美的人，往往会遮蔽审美的眼睛，使目光滞留在缺陷上，而忽略了周围其他美好之处，以至于整日沉浸在自怨自艾当中。其原因在于他们容易因一点小小的缺陷而一叶障目。

一个一味追求完美境界的人，更容易沮丧、压抑、焦躁。事情开始之时，担心失败、干得不够漂亮，不敢全力以赴争取成功。而一旦失败，便会灰心丧气，只想尽快逃离失败的境遇，不从失败中获取任何教训，而只是想方设法让自己避免尴尬的场面。他们背负着如此沉重的精神包袱，抱着这样一种不正确的态度对待生活和工作，以至于无法让自己感到满足，只能时刻都在焦灼不安中度过。

很多情况下，追求完美的人都是毫无根据地爱挑剔的人，这种挑剔只是源于追求完美的本质，实际的问题不在于这些挑剔是否有无根据，而在于他们为这些挑剔花费了更多的心血，消耗了更多的能量，但自始至终并没有改变什么。对现实过于苛求，却什么都没有改变，烦恼的根源往往就在于此。

追求完美无可厚非，因为每个人都有追求精神层面的权利。但是，我们要明白，世界上原本没有所谓的完美的事物，也没有尽善尽美的生活。美丽的花儿不香，白璧也有微瑕。不应在一些琐碎小事上苛求自己、要求别人，当我们做好应该做的事情，能够原谅自己，接纳他人时，一切的不愉快就会消失，快乐自然会随之而来。

二、错误的执着

据说，很久以前，在遥远的西方，有座伊甸园。在那里，人们无须劳作，就有华丽的服饰、丰富的菜肴、舒适的住所，一切幸福和快乐应有尽有。向往它的人们，深深地被这个神奇的伊甸园所吸引，于是，他们耗尽一生的精力去寻觅，甚至有人以生命为代价，但最终也没能寻到那座令人魂牵梦萦的伊甸园。

也许，每个人都做过这样一个美丽的梦，在梦中，我们走进了令人向往已久的美好而幸福的伊甸园。不管道路上有多少荆棘，也不管道路多么曲折，依然朝着永远无法达到的目标前进，但是，这条道路好像没有尽头。

然而，你只顾着拼命地奔走，是否停下脚步思索过，这样一味地执着是对还是错呢？过分的执着，会让自己的眼睛很容易被蒙蔽，同时也会让人忘了欣赏路边的风景，忘了停下来歇歇脚，给自己一个更加充分的理由，也给身边的人一个相信你的信念，与他们一同享受生活中美好的东西。

真正懂得了快乐是那些心境祥和的人，即使经历着风餐露宿，也无怨无悔的人，因为，他们在奔走的途中，懂得欣赏并陶醉于一路上过往的风景，并不盲目追随。

回头才发现，你一路深情地向往、苦苦地追寻的东西就在身边……其实，你就踩在伊甸园的土壤上，踩在快乐的土壤上。

盲目执着，其实是一种错误。

只希望大家在追求的过程中不要过于执着，这样你才能始终享受着充实、祥和、和谐、忠诚、善良和愉快的美好生活……

三、欲望太多

当今的社会是极具诱惑力的，在这样一个欲望膨胀的年代，追名逐利的现代人，种种欲望和奢求塞满了他们的内心，他们要吃山珍海味，要穿高档名牌，要住乡间别墅，要驾宝马香车……人的一切行为都被欲望支配着。

但是，人人都会有欲望，都想过上幸福美满的生活，都希望衣食无忧，这是人之常情。但是，如果这种欲望造成了我们不正当的欲求，给我们带来无止境的贪婪，那么，无形之中，我们会成为欲望的奴隶。因为欲望这个沟壑是永无止境的，人心从来没有知足的时候，在没有家产的时候想方设法想取得家产，有了家产想当官，当了小官想当大官……在欲望的支配下，人为了权力、地位和金钱而不择手段地钻营，为了能过上比别人更富足的生活，即使自己身心疲惫，也在所不惜，在无奈中透支着体力、精力与生命。

我们可以问问自己的内心，这样的生活，是我们需要的吗？被欲望沉沉地压着的你，精神上永远不得宁静，谈何快乐？

其实，静下心来想一想，目标固然重要，但是值得你用宝贵的生命去换取吗？生命没有了，一切都是徒然。

将一切贪婪的欲望减少吧，将过多的欲望斩除吧，让真实的欲求浮现。只有这样，你才会发现真实、平淡的生活才是最快乐的。拥有这种超然的心境，做起事来你才能面对物质引诱，心不动，手不痒。不慌不忙，不躁不乱，井然有序。面对外界的各种变化能够处事不惊、不愠不怒、不暴不躁。没有小肚鸡肠带来的烦恼，没有功名利禄带来的缠累，活得轻松自在。白天知足常乐，夜里睡得安宁，走路感觉踏实，当暮年之时，我们没有遗憾。

古人云："达亦不足贵，穷亦不足悲。"在这个欲望膨胀的年代，这是能让你走入快乐的箴言。

四、虚荣所累

顾名思义，虚荣就是"虚假的荣名"。虚荣心强的人，不觉得活得很累吗？

明知道家里不宽裕、手头拮据，来了亲朋好友，死要面子，硬要带他们下馆子，菜肴既要讲究好吃又要讲究面子好看，吃饭完把嘴一抹就走人，剩下的菜肴碍于面子还不肯打包带回家去。见别人换了大房子，自己也要将七大姑八大姨、亲戚朋友的钱借个遍，或跑到银行贷款都要换，见了邻居还直说房子便宜。别人家的孩子考上了大学，就赶鸭子上架，硬把自己的孩子往高考独木桥上攒，也不管这条路是不是适合孩子。同事工作平平，却得到提拔，得知原来是同事跟领导走得近乎，自己觉着本事比同事大，也应该得到提拔，请示老婆后，特地带钱去领导家里拜访，结果逢年过节回家见双亲，只能嘴上说说表孝心。按常理来说，这样虚荣的人，总是要打肿脸充胖子，"欲与天公试比高"。想一想，受罪的还是自己。

用一句传统老话来概括虚荣之人的心理和行为，那就是"死要面子活受罪"。这种人活在极度的自尊和极度的自卑之间,如此偏激。因为太要面子,怕自己被别人瞧不起,所以当他们面对一件商品时,往往是考虑虚荣而不考虑价格的时候多,没钱的自卑,要面子的自尊,逼得他们犹豫不决,最终只能向虚荣投降,勉强买下自己能力范围外的东西。于是,社会上往往会出现了一种奇怪现象:越穷的人越不喜欢廉价品,越是没有钱的人,就越爱花钱去显摆自己。

对于虚荣心强的人而言,一旦他们的虚荣心得不到满足,他们就会陷入不能自已的烦恼中。虚荣,真是烦恼的根源啊!仔细想来,太爱面子真是一点用处都没有啊!吃好喝好体面了,满足虚荣之后,自己却食无米,穿无衣,住无所,行无鞋,困兽一般蜷缩在角落里,何苦呢?东俚语——死鸡撑硬脚,用来形容这种人再合适不过了,鸡都死了,它的脚还硬撑着有什么用呢?

藏在面具下做人,为面子活着是又累又可悲的。况且,一个人有无面子的关键也不在于金钱的多少,真正有钱的人也不见得有多爱面子。有位身家亿万的董事长,他和朋友去餐馆吃饭时,大都随便点一些菜、几杯清茶,仅此而已。他的衣着也很普通,根本不是什么名牌,但是很整洁。他的车子也不是奔驰等类的名牌车,就是普通的代步工具而已。他的公司业绩很好,个人的资产不菲,但是从来不在乎别人对他的称呼——小气财神。实际上,往往喜欢在外显露富有的人,大都欠缺沉稳之气,有浅薄之心。像这位不爱面子的董事长,却是一位能够不被虚荣所累、真正富有生活智慧的人。

生活得更客观实际一些,更平淡一些,也没人会看不起你。拥有一份平实的内涵,拥有一份坦荡的快乐,才是我们应该追求的。难道这有什么不好吗?

五、忌妒心重

面对"忌妒"的困扰,人们常常显得手足无措。

什么是忌妒?心理学家表示,忌妒是一种难以公开的阴暗心理,也是一种以与自己地位相似、水平相近、年龄相仿的同辈人为指向的带有敌意的心理倾斜现象，往往出现在那些相对弱势的人的心里。这种心理情绪具有这样的特征：不能认可他人比自己强，只能陶醉于他人不如自己或以他人的失利为满足的情感体验当中。

忌妒被看作心灵的地狱，有忌妒心之人，认为别人向前走就是自己的后退，看到别人的进步，敬畏、屈辱、自卑、恼怒等多种情绪便随之而来，他会感觉忌妒时时刻刻都在撕咬着自己，在实在难以忍受之时，就通过寻找对方的缺点来平衡自己。实在找不出来，就想办法造谣，中伤别人，诋毁别人，拼命也要把别人拉下来。因此，忌妒之人一般是自己进步，就不允许别人进步；自己不进步，更加不允许别人进步。鲁迅先生对此有独到的见解："我不行，而他和我一样，大家活不成，拉倒大吉。"于是，因忌妒而产生的种种心态便表现出来：或消极沉沦，萎靡不振；或咬牙切齿，恼羞成怒；或铤而走险，害人毁己。

忌妒心强的人往往会做出损人不利己的事情来，以至于自己身心能量的无端耗费和自身健康的无端受损，折磨自己的结果最终是一无所有。巴尔扎克说："忌妒者受的痛苦比任何人遭受的痛苦更大，他自己的不幸和别人的幸福都使他痛苦万分。"

忌妒就像一把双刃剑，不仅伤人而且害己。受忌妒的一方固然犹如陷入地狱里一般莫名其妙，忌妒者也同样犹如陷身蚂蚁窝的小虫一样备受煎熬。莎士比亚说："一个生性忌妒的女子所产生的毒害较疯犬有过之。"英国哲学家培根说："人类'最卑劣、最堕落的情绪'是忌妒，忌妒这恶魔总是在暗暗地、悄悄地'毁掉人间的好东西'。"忌妒如同一把火，在伤害别人同时也在烧毁自己。可见忌妒是多么可怕呀！

面对忌妒，我们一定要坦然处之，哪怕这种忌妒仅仅是我们心里的一点点火星，也要及时将其扑灭，绝不能让忌妒之火烧毁我们的灵魂。

远离忌妒的最好的办法：认清别人能做的事情，自己是否也能做，如果能做，是不是会做得更好。记住，一旦你产生了忌妒，就是承认自己不如别人。你要超越别人,首先得超越自己。波普曾经说过:"对那些卑鄙之人来说,他是忌妒的奴隶;对有学问、有气质的人来说,忌妒却化为了竞争的动力。"你要相信,别人是否进步并不会影响你的前进,反而可以成为你前进的动力和榜样,事实上,每一个真正埋头沉入自己事业的人,是没有时间和精力去忌妒别人的。

快乐其实很简单

快乐的来源不是挂念过去,也不是憧憬未来,而是活在此刻,享受当下。严格来说,享受当下决定你的未来,只有抓住了当下,快乐才会永不消失。

如果你的生命仅仅剩下一天,那么,你还有哪些想做的事没做完?与亲人团聚,还是猛吃一顿山珍海味,或是一整天都以泪洗面?思考自己是否留下遗憾?是否有过真正的快乐?回忆一下你过去走过的路。年轻的时候,你为了挤进一流的大学而埋头苦读,毕业后为了找一份好工作而疲于奔命;工作稳定后,你迫不及待地结婚、生子,然后,你又开始期盼孩子赶快长大成人;孩子长大了,你又想着赶快退休;你真的退休了,觉得可以停下来喘口气了,可以做一些自己想做的事了,可是你又会发现,自己已经没有太多的时间了。

其实,这何尝不是每一个人一生的真实写照呢?每一个人奔波劳碌,时时刻刻为生命担忧,为生存奔波,为未来拼搏,有些人为过去伤感,有些人为未来准备,他们都忘了"现在",时间一分一秒地从身边偷偷溜走后,才恍然大悟:时间不等人啊!

智者说"活在当下"。你不禁会问,到底何谓"当下"?"当下"是指:你身边的人、你正在做的事、你所待的地方。而"活在当下"就是要你关注周围的这些人、事、物,全身心地投入到你所做的事上,善待周围的人,以欣赏的目光去关注你周围的一切事物。

也许,你会觉得这很容易,但我想问你,你是否留意过身边的风景、人、事、社会？然而答案却是你要为所谓的伟大志向奔波，又怎么会把多余的时间浪费在这些无聊的事情上。

当然，我们大多数人总是心有杂念，浮躁不安，总是为了未知的将来而心神不宁。

也许有一天我们会实现我们的理想，升职加薪、换车子、换房子、当上总经理、出任 CEO，但是这样我们就会快乐吗？我们就会满足吗？

假如你将所有的精力都耗费在异想天开地谋划未来上，对身边的一切视而不见，你的不安全感仍不会消失。女作家安吉丽思在《活在当下》一书中说过，"当你存心去找快乐的时候，往往找不到，唯有让自己活在'现在'，全神贯注于周遭的事物，快乐才会不请自来"。

安吉丽思女士用亲身感受告诫我们："我这一生都在努力掌控身边的每一件事，尽力去完成每一个目标，我打心底里相信，努力得愈多，快乐就会愈多。结果我却发现，我的努力其实正是阻止我感受快乐的最大障碍，而更荒谬的是，'快乐'这件东西一直是我努力多年始终想要得到的东西。"

安吉丽思得到这样一个结论："或许人生的意义不过是嗅嗅早晨清新的空气，和家人共进晚餐，和朋友的一次郊游……"也就是享受一路走来的点点滴滴而已。毕竟，昨日已经成为过去，明日尚未可知，而今天才是上天赐予我们最好的礼物。

人应该在每一个"当下"都能学会问自己："我是否快乐""我这么做值不值得"。

从前有个皇帝，他有智慧、权力、财富，但有两个问题一直困扰着他："我一生中什么时候是最重要的时刻呢？""谁是我最重要的人呢？"他召集群臣，要他们去寻找一个能圆满地回答出这两个问题的人。

大臣们为皇帝找来了许多所谓的智者，但他们的答案没有一个能让皇帝满意。这时，有一个人给皇帝出主意说，在很远很远的地方，有一座山，那里住着一个十分睿智的人，他也许能回答皇帝的问题。于是皇帝决定马上亲自拜访这位睿智的人，想要知道这两个藏在心里的问题的答案究竟是什么。

皇帝到达那个睿智的人居住的山脚下之时，他就化装成农民的模样。当他看到所说的那个睿智的人在简陋的小屋里正在挖着什么的时候，皇帝疑惑地问："听说你是个十分睿智的人，能回答我两个问题吗？一个是我一生中什么时候是最重要的时刻？另一个问题，谁又是我最重要的人？"

"我们来挖点地瓜吧，"睿智的人人说，"你去把它们洗干净。我烧些水，我们可以一起吃午餐。"

皇帝没说什么，照着他说的做了。可是，接连几天，皇帝的问题并没有得到解决。皇帝忍无可忍，便向聪明人表明身份，愤怒地说要将他斩首。这个睿智的人微笑着说："我第一天就将答案告诉你了，只是你没有领悟到。"他接着说，"我欢迎你的到来，和你共享美味，邀请你住在我家里。要知道过去已经过去，将来并不存在——现在就是你生命中最重要的时刻，你最重要的人就是眼前的人，竭尽全力做该做的事，和周围的人一起分享快乐。"皇帝若有所思："原来问题就在不经意间得到了解决，珍惜眼前的人才是我的最后答案。"

朋友们，想做什么，就做吧，就从现在开始做起。因为没有人能掌握未来，现在就过我们想过的生活，尽情表达自己的想法，因为生命极其短暂。

如果你的妻子喜欢红玫瑰，那就赶快去买来送给她，不要等到明天！如果你爱她就真诚、坦率地告诉她，爱的语言永不嫌多，如果说不出口，就用含蓄的方式告诉她，总之要让她知道你的心意。我们更应该好好把握目前拥有的,不要放过每一次表达的机会,那是我们最值得珍惜的人。

"我们总是老得太快,却聪明得太迟。"多么经典的一句格言啊!其实,每一个人都可以立即变得聪明起来,前提是你能抛弃那些遥远的事情,尝试着让自己去追寻最近处的快乐。

换一种想法，让好心情常伴

当你快乐时，整个世界都在笑，每天给自己一个希望，换一种想法，好心情会时刻常伴你左右。

人的一生就像一场长途旅行，一路走来，沿途你会看到各种各样的风景，时光流转，世事变幻，与其让路途中不重要的负面能量给自己增加额外的负担，还不如放松心态，每天保持快乐的好心情。人生不如意事十之八九：羡慕别人的轻松悠闲的工作，羡慕领导的大权在握的威风，羡慕别人的家庭妻贤子孝，羡慕别人的日子过得潇洒风流……总之，一味地羡慕别人，于是有人感叹：为何这个世界如此不公平！这样会使自己心情只会越来越糟糕，生活也会变得越来越痛苦。

俗话说：知足常乐！人生能否快乐，关键看你能否知足。人们常说，清心寡欲，人的欲望是没有尽头的，一种欲望得到了满足还会有更多的欲望滋长，若欲望太多太高，则永远不会满意和幸福。有时候，退一步真的是海阔天空，换一种想法，真的会快乐……

从前，有位老太太经常哭。因为她有两个儿子。大儿子是卖雨伞的，小儿子是卖鞋的。如果是晴天，这位老太太就想：糟了！天气这么好，我大儿子店里的雨伞岂不是没有人买了吗？生意不好，他的日子可怎么过啊……想着想着，老太太就伤心地哭了起来。如果遇到下雨天，老太太还是哭，因为她想到了小儿子店里的鞋没有人买怎么办？就这样，老太太每天都忧心忡忡地哭，无法自拔。

一天，有人劝告老太太："老太太，你不要难过。其实你只要换一种思考方式，就可以变得很开心。"老太太洗耳恭听。

"很简单。晴天的时候，太阳高挂，你不要去想大儿子的雨伞卖不出去，而去想小儿子的鞋店——噢，太阳这么好，出来逛街的人一定很多，小儿子的生意一定兴旺！遇到下雨时候，你就改想大儿子的雨伞店——噢，下雨了，大儿子店里的雨伞就会多卖出几把，生意一定会很好！"

老太太听了恍然大悟，然后就照这个人的话去做，每天都开开心心的，不再像以前那样了，整天以泪洗面了。

由此可见，有些让人沮丧的事情也许换个思考方式你就会快乐很多。老太太正是因为换了一种思考方式，所以才能从烦忧中解脱出来，心情变得开朗起来。其实，任何事物都有它的两面性，有好的一面，也有坏的一面。当我们无法改变事实时，姑且学一学老太太的做法，换一种想法，忘记它消极的一面，多去想它积极的一面，这样，我们就能快乐许多，有时甚至会收获奇迹！

有一个年轻的女医生在非洲支援，她的丈夫准备去看她。女医生在信中告诉丈夫："这里除了一些土著人，就是荒芜的土地，再没有什么可看。其他同事的家属也有来此地探望的，都因为没有任何的风景，因此都提前回国了。"

她的丈夫不信，但到了目的地后才发现，当地的生活环境比他想象的还要糟糕。荒漠中的小屋子，他和妻子生活于此，因为不会当地土著语言，离开翻译，寸步难行。而翻译也只是在有病人时，才陪着病人出现。没有病人的时候，也就没有翻译。

有一天，他从书中看到一段关于"换个想法，便能换来一切"的精辟论调。

他沉思片刻，放下书本，望着广袤的非洲大地，觉得这种论调真是可笑，难道这种理论在这里也能适用吗？他对此摇了摇头。

"换个想法，便能换来一切。"他心里其实比较否定这样的说法，但还是想试图尝试一下，因为他觉得没有比这个方法更好的了。"让自己换个想法"，他这样努力着。

结果却出乎他的意料。他努力改变自己对非洲的看法，把视角转向平时不太注意的东西，终于有了新的发现。首先他发现了土著人的手工艺品。他想，这能不能运往外界贩卖？他还发现这里的泥土极其特别，是不是可以用来做陶器？

他努力摸索，慢慢开始有了更多的收获。他发现这里有一种芨芨草，治疗外伤非常神奇，抹上之后，伤口就会很快愈合。于是，他想如果多抹一些会怎样？

他对这些发现感到兴奋不已。从此，他对非洲越来越着迷，他的生活非常充实，每天有做不完的事情。非洲没有变，他的视野只是出现了一点的变化一切也就随之不同。

他的发现越来越多，后来成了美国商界的大富翁。他将非洲许多新奇的创意贩卖到世界各地。他的成功不在于其他原因，而在于他敢于改变自己的想法，勇于发现身边的事物。

这个世界不缺少机遇和挑战，有时候往往机遇与挑战并存。对于这些考验，人不能以一成不变的思考方式来解决。面对挑战，我们应细心分析，将其当成一种机遇。换个角度看事情，换一种想法生活，就一定能成就自己的辉煌人生。

因此，如果你想活得更加潇洒、更加从容，就好好看待这个世界吧，它也会给你不错的生活。总之，只要你能换一种想法思考问题，你的心情就会轻松起来，你就会发现生活中的快乐是随处可见的！

我快乐，所以我成功

著名学者余秋雨曾做客央视访谈节目《咏乐汇》，主持人李咏问余秋雨："您这么成功，是不是感到很快乐？"余秋雨给出了一个十分独特的答案："我不是因为成功而快乐，而是我快乐，所以我成功。"

"我快乐，所以我成功。"余秋雨先生的这句话，给我们留下深刻的印象。在"成功"这个话题被无数次提及的今天，很多人都把事业上的成功当作快乐的必要条件。"成功者不一定快乐"，但"要想快乐，首先必须事业成功"、"成功者才有资格谈快乐"，等等。这些观念却在不少人的思想中根深蒂固。

与"头悬梁，锥刺股""十年寒窗无人问，一朝成名天下知"等思想相比，"我快乐，所以我成功"却是一个值得思考的哲学问题。余秋雨告诉我们：在成功之前，我们并不需要长期吃苦，与快乐绝缘；相反，如果你想更快成功，或者获得更大的成功，你首先要学会做一个快乐的人。

快乐与成功相辅相成，二者不可分割，没有快乐就没有成功；快乐是成功的前提。只有认识到这一点，才不会给我们带来太多的压力与烦恼，我们才会感受到更多的快乐，才会体会到成功带来的真正的快乐。

有一种情绪，不因周围环境的影响而改变其初衷，不因外界因素而转移意志，那就叫快乐。人生有一种最宝贵的无形财富，它简单易得却又极其难求，任谁也无法将它夺走，那就是快乐。

从前,有一位富翁终日闷闷不乐,为了解除他的心病,家丁们遍访名医。一位智者献计说:"只要找到世界上最快乐的人,把他的衬衫脱下来给老爷穿上,就能解除老爷的烦忧。"

于是,富翁立刻让人搜寻全国各地,一定要找一个最快乐的人。然而他们发现,真正快乐的人特别少。富人们衣食充足却无所事事,备感无聊;智者们终日恻恻、思虑过多;美人们日日担忧年华老去。最后,他们终于在柴草堆上找到了一个快乐地唱着歌的年轻人,然而,当他们遵照智者的主意决定脱去他的衬衫时,竟然发现他穷得连衬衫也没有。

每个人都在苦苦追逐金钱,并认为拥有了金钱也就等于拥有了快乐。殊不知,金钱的确能带给我们很多的物质,但是就真的能让我们快乐吗?就好像国王一样,虽然他拥有整个国家,却依旧并不快乐。因此,国王的故事告诉我们,金钱、财富、物质并不一定能给我们带来精神上的快乐。

一个拥有万贯家财的大富翁,雇了几十个账房先生管理,还是忙不过来。这些难题弄得那位富人却是每天寝食难安,愁眉紧锁。他的邻居是一对穷苦夫妇,他们靠做豆腐过日子,尽管家境贫寒,老夫妇俩每天起早贪黑,有唱有笑,做豆腐、卖豆腐,靠自己的双手劳动获得财富,他们觉得特别充实而快乐。富人觉得很奇怪,便问一位账房先生,那位账房先生回答说:"老爷,这个其实很简单,你只需隔墙扔几锭银子过去,就会知道其中的原因了。"于是,富人趁夜黑无人,将五十两银子扔进了隔壁的豆腐店,卖豆腐的老夫妇俩拾到了这笔从天而降的财产,欣喜若狂,但是他们一直在考虑它到底应该怎么处理了它……以致弄得吃不下饭、睡不着觉,他们为此日夜不安。隔壁的富人自此再也听不到那往日的歌声、笑声了,这时才恍然大悟:"原来我不快活的原因，就是因为这些银钱啊！"

回归现实生活中，钱不是万能的，但是没有钱又是万万不能的，这一个矛盾的话题让所有人都为之疯狂。

有这样一句名言："能用钱买来的都不贵，能用钱办到的事儿都不算事儿。"这句话让我们明白不要让钱蒙住我们的眼睛，不要让钱成为套住我们心灵的枷锁。钱乃身外之物，生不带来，死不带去。因此不要把所有的精力都耗费在钱财上，要珍惜自己眼前的大好时光，把握住眼前的快乐。只有拥有希望，才会拥有快乐。当你快乐时，整个世界都在笑。

每天给自己一个希望

亚历山大大帝在远征波斯之前,他将所有的财产分给了大臣,其中一个大臣问:"陛下,你带什么起程呢?""希望,我只带这一样东西。"亚历山大回答说。

我们要每天都给自己一点盼望、一点希望。任何时候,都不应该放弃希望,因为它是创造成功、带来快乐、创造未来的"点金石"。每天都要给自己一个希望,让自己在充满希望的热情中度过每一天。

在顺境中,希望让你更有激情,更加快乐;在逆境中,希望是你坚持下去的理由,人生因为有了希望而变得更有意义。希望是一种宝贵的财富。

有一位享誉医学界的医生,他的医术非常高明,事业也蒸蒸日上。但不幸的是,就在某一天,他被诊断患有癌症。这对他来说无疑是晴天霹雳。他一度情绪低落,感觉已经失去活着的意义,因此,他常常想的是如何能结束自己的生命。

然而,身边的朋友不断地地开导他,鼓励他,让他重燃了起希望的火焰,他知道要除了勤奋工作之外,绝不能放弃与病魔的抗争。就这样,他平安度过了好几个年头。

是什么神奇的力量在支撑着他呢?许多人对此感到十分惊讶。也有人向他提及了这个问题。

这位医生笑盈盈地答道:"是活着的希望。几乎每天早晨,我都给自己一个希望，希望我能多救治一个病人，希望我的笑容能温暖每个人，能给每个人带来快乐，同时也给自己带来快乐。"

"天有不测风云，人有旦夕祸福"，在这个世界上，的确有许多事情是我们难以预料的。但是，虽然我们不能控制环境，却可以掌握自己；我们无法预知未来，却可以把握现在；我们不知道自己的生命到底有多长，却可以安排当下的生活；我们左右不了变化无常的天气，却可以调整自己的心态。只要活着，就有希望。有了希望，我们的生活便有了为之奋斗的目标，真正的快乐在奋斗的过程中，而非成功的一刹那。

有两位靠说书弹弦谋生的盲人，老者是师傅，主要负责说书，幼者是徒弟，主要负责弹弦。徒弟整天唉声叹气，无心学习师傅的手艺。因为眼盲，徒弟经常失去信心，垂头丧气。一天，师傅病了，在临终前，他对徒弟说："我这里有一张复明的药方，我将它封进你的琴槽中，当你弹断1000根琴弦的时候，你方能取出药方。记住，你弹每一根弦子时必须是尽心尽力的。否则，再灵的药方也会失去效用。"徒弟牢记师傅的临终嘱托，他一直为实现复明的希望而尽心尽力地弹弦。

50年后，徒弟已皓发银须，一声脆响，徒弟终于弹断了第1000根琴弦，他下意识的迅速向城中的药铺赶去。当他满怀期望地等着取回草药时，掌柜告诉他，那是一张白纸。这时，他明白了师傅的用意，他学到了手艺，这就是药方，有了这般手艺他就有了一技之长，也就有了活下去的勇气。他努力地说书弹弦，成了名艺人，受到了人们的尊敬。直到95岁高龄时，他才抱着三弦含笑辞世。

师傅给了徒弟一个希望，这个希望支撑着徒弟学成了弹琴的手艺，也就是最后他找到的解救自己的秘方,那就是带着希望生活的人生才有奔头。

生活中遇到了困难与挫折,希望更容易让你生存下来,心灵的潜力是无穷的。在逆境中,当生命受到了威胁,当人生走到了低谷的时候,千万不要忘了自己还可以拥有更珍贵的宝贝——希望。

第2章

生活需要快乐点缀

快乐一直在我们每个人的身边。就像一杯温热的茶，置于我们面前的桌上，或平淡，或浓烈，细细品之，回味无穷。品尝者的心境决定了此时饮茶的意境和心情。一饮而尽的人，个中滋味一定无法品尝透彻。假如坐下来细品，我们就能充分感觉出其中的苦与甜。

快乐是一种不需要任何条件的生活态度

快乐是时刻存在的，只要用心品味，就会发现它其实离我们很近。快乐有很多种方式，不胜枚举。

快乐只是我们思想愉悦时一种内在心理状态的外在表现。快乐是用钱买不到的，也不是勤劳能够换来的报酬。不管你的相貌、出身如何，想要得到快乐，关键是保持一个健康的心态。

越来越多的人不敢去放手追求快乐，他们觉得那是"自私的""罪恶的"。无私的确可以给身边的人带来快乐，它不仅能使我们完成帮助别人的善举，还让我们的心灵远离了以自我为中心、犯错、罪恶与自傲。人类最愉悦的思想是被人需要的感觉，是助人得到快乐的想法。然而，难道不自私就一定能让自己变得快乐吗？

有什么东西比用不快乐的态度伤害他人更甚？有什么东西比用不快乐的心情解决问题更加无助？有什么东西比憔悴、忧郁的心情更没有价值？

因为他们是在无动于衷地期待，而不是在生活，也不是在享受人生。他们认为结婚、工作、成家立业、子孙满堂、赢得胜利之后，他们将会更快乐，但事实并非如此。解决掉一个问题，新的问题又会接踵而至，生活原本就是由一连串的问题组成的。如果要快乐，就不应当讲究条件，必须"无条件"地快乐起来。

周一一大早，李强就打了一辆出租车去郊区做企业内训。因正好是高峰时段，车堵得水泄不通，此时，前座的司机先生开始不耐烦地叹起气来。李强便随口和出租车司机聊了起来："最近生意怎么样？"后视镜中的脸拉了下来："有什么好？你想我们出租车生意会好吗？每天开十几个小时的车，也赚不到什么钱，加上现在堵车厉害，不赔钱就不错了！"

嗯，看来这不是个好话题，还是换个话题，李强想。

于是李强说："不过还好，你的车既大又宽敞，即便是堵车，也让人觉得很舒服……"

司机打断了李强的话，声音也开始激动起来："舒服个鬼！不信你每天都来坐十几个小时看看，看你会不会觉得很舒服！"

接着司机的话匣子打开了，不是抱怨物价飞涨，就是抱怨赚钱太难……听完这些，李强的心情也变得很郁闷，只得沉默不语。

第二周，李强再一次坐出租车，再一次去郊区同一家企业做内训，然而这一次，开启的旅程却与上次迥然不同。

一上车，司机转过来一张笑容可掬的脸庞，伴随的是轻快愉悦的声音："您好，请问您要去哪儿？"

李强心中有些诧异，真是难得的亲切，心情也随着这亲切的开场白舒畅了许多，随即把自己的目的地告诉了司机。

司机笑了笑："好的，没问题！"然而没开多远，就堵车了，车子在车流中动弹不得。

司机先生在前座手握方向盘，开始轻松地哼起歌来，看上去他今天的心情不错。

于是李强说："看来您今天心情不错嘛！"

司机笑着说："我每天心情都是这样好啊。"

"为什么呢？"李强问，"我看别的司机，总是说钱不好赚，每天的工作时间又长，生活十分不理想。"

第2章　生活需要快乐点缀　031

"是这样的，我们每天工作时间都在十几个小时以上，我也有家有小孩要养。不过，还是要开心的过日子不是。我有个秘密……"他停顿了一下，"但是说出来你别生气，好吗？"

"当然了，任何有关快乐的秘密，谁都会感兴趣，又怎么会生气呢？"

司机说："我总是从不同的角度去思考事情。例如，我把出来开车看成是客人付钱请我出来玩。等到了目的地后，你去办你的事，我赏我的花，抽根烟休息一下再继续开车！"

司机接着说："前几天我拉着一对情侣去香山看夕阳，他们下车后，我也下了车喝了碗云吞，挤在他们旁边看完夕阳才走，反正来都来了嘛，更何况还有人付钱给我呢？"

精彩！多美好的一个秘密！

李强突然意识到自己特别幸运，一大早就这么荣幸，能遇到一个如此快乐的司机大哥，因此他的心情一整天都很愉快。

既能坐车，又能让自己一路上都开开心心的，这样的服务实在难得，李强决定把这位司机先生的电话要过来，以后有机会的话还要邀他一起"出游"。

接过他名片的同时，司机的手机正好响了，原来有位老客人要去机场，看来喜欢他的不只李强一位顾客，相信这位EQ高手的工作态度，不但替他赢到了快乐的心情，也必定为他带来许多回头的生意。

每天早晨一睁开眼睛，看到的是美丽的朝阳，一打开门窗，嗅到的是清新的空气，感受到早晨的美好，我们是快乐的。在公司里出色完成任务，受到老板的赞美，赢得同事们的尊重，我们是快乐的。下班回家，吃着满桌香甜可口的饭菜，看到孩子优秀的成绩单，我们是快乐的。晚饭后陪同爱人和可爱的孩子在公园中散步，享受天伦之乐，我们是快乐的。生活中有很多令我们快乐的事情，只要我们细心观察，用心体味，就会发现快乐其实就在我们身边。也许你会说这些小事何以成为人人渴望的快乐。难道只有雍容华贵、惊天动地才是快乐吗？用我国著名作家毕淑敏《提醒幸福》中的一段话可以很好地诠释快乐："幸福绝大多数是朴素的，它不会像信号弹似的，在很高的天空闪烁红色的光芒。它披着本色的外衣，亲切温暖地包裹起我们。"

不同的人的快乐也是不同的。容易满足的人更容易得到快乐，快乐其实很简单，准确地把握瞬间来到我们身边的温暖，这就是快乐。快乐就像口中的糖果，甜淡适中，才能恰到好处。

习惯了身边的人抱怨生活的平淡和命运的不公，快乐对我们来说，似乎是一种过于奢侈的东西，如同可望而不可即的海市蜃楼一般。其实快乐很简单，离我们也并不遥远。

快乐是一种正面的思维习惯

> 播下一个行为，就会收获一个习惯；播下一个习惯，就会收获一种性格；播下一种性格，就会收获一种命运。

快乐从某种意义上说是一种态度。诚然，走向一切成就的起点是积极的心态和确定的目标。我们应当用积极的心态，控制自己的情绪，指挥自己的思想，掌握自己的命运。

人的内心具有强大的神秘力量，要敢于探索你的心理力量，学会应用正确的、有意识的自我暗示，学会使用适当的暗示去影响别人。做到了这两点，你就能在生理、心理和道德上获得健康、快乐、幸福和成功。

每个人在生活中都会遇到许多难题。那些具有积极心态的人能从逆境中求得极大的发展。要用积极的心态去激励自己，只要是人能构想出来的东西和人们所相信的东西，就能够通过积极的心态去得到它，要认识那些似是不可信的事物的可能性。在激励你自己和别人时，希望具有神奇的力量。要想战胜胆怯和恐惧，说话要热情，就得响亮地讲话，说话迅速，强调重要词汇；在书面语中用句号、逗号或其他标点符号的地方，在说话时就要做出适当的停顿；将微笑融合在你的声音之中，以免它变得粗哑，难以入耳。不断地试射你目标的靶心，直到你击中它那一刻再停止。

失败既是一块垫脚石，也是一块绊脚石，这取决于你的态度是积极的还是消极的。强烈的愿望是产生行动动力的根源，这是伟大的成就所必需的前提，这会增加你分给别人共享的东西，会减少你保住不给别人的东西。崇高理想的实现需要勇气和牺牲，因为你可能要孤身对付别人的讪笑和无知。除了追求崇高的理想之外，没有什么事情比谋生更重要。

如果你把苦难和不幸分摊给别人，你得到的，只能是更多的苦难和不幸。想要得到快乐，就要先让他人快乐。

快乐又是一种观念。

有这样一个故事：

一个乞丐来到一家人门前，向女主人乞讨。可是女主人毫不客气地指着门前一堆砖说："你先帮我把这些砖搬到屋后面去吧。"

乞丐十分生气："你不愿意施舍我就算了，我只有一只手，你还忍心叫我搬砖，又何必捉弄人呢？"女主人并不生气，她故意用一只手搬了一趟，说："你看，并不是非要两只手才能干活。我用一只手也能干，你为什么不能干呢？"乞丐怔住了，终于他俯下身子，用他那唯一的一只手搬起砖来，因为他一只手一次只能搬两块砖，搬这些砖他整整花了4个小时才搬完，累得气喘如牛。妇人递给乞丐20元钱，乞丐接过钱，感激地说了声："谢谢你。"妇人说："你不用谢我，这是你自己凭力气挣的工钱啊！"乞丐说："我会永远记得你的。"说完就向妇人深深地鞠了一躬，继续上路了。

过了很多天，又有一个来这里乞讨的乞丐，那妇人又让他把以前搬到屋后的砖搬到屋前去，可乞丐不屑地走开了。妇人的孩子不解地问母亲："上次你让那乞丐把砖从屋前搬到屋后，为何你这次又让这人把砖再搬回去呢？"母亲对他说："砖放在哪儿都一样，可搬与不搬对他们却有不同的意义。"

许多年以后，一个只有一只手的很体面的人来到这个庭院。他俯下身，对坐在院中的已有些老态的老妇人说："我现在成了公司的董事长,但是如果没有你的话,我依旧是个乞丐。"老妇人只是淡淡地对他说:"这是你凭借自己的力量得到的。"

这个故事里的老妇人其实就是"生活"的化身,她既可以把一个只有一只手的乞丐教成一位董事长,也可以让一个四肢健全的乞丐永远是乞丐。她在告诉人们最好的帮手是自己,同时,也在告诉人们,工作是一种幸福,勤奋是最快乐的事情。如果将工作视为苦难,人生就成了地狱;如果将工作视为乐趣,人生才会变为天堂。

快乐是每个人身边的"忘忧草"

许多人抱怨生活太清苦，到处去寻求快乐，而对身边的美景熟视无睹，其实只要用心感受生活，就会发现快乐就在自己的身边。

上天赐给我们很多宝贵的礼物，"忘忧草"就是其中之一。通常我们过度强调"记忆"的好处，往往忽略了忘记的功能。生活中，你需要记住许多事情，同样也需要忘记很多事情。

生活就像万花筒，难免会长出忧郁、烦恼的花朵，它破坏你的好心情，使你的生活黯然失色。此时，你不妨学着在心中种一棵"忘忧草"，让它帮你遮挡忧郁，给你的心灵带来芳香与快乐。"忘忧草"可以是一次倾情诉说，可以是一本秘密日记，可以是一次翩翩起舞，也可以是一曲高山流水……

当被糟糕的心情所困扰时，可以打开日记，把所有的忧郁、烦恼和不快都融入笔端，向日记本倾诉，这样一方面可以宣泄心中的不快，另一方面可以理清心绪，平静心情，有时还能"顿悟"和释然。你可以在日记中倾诉生活的烦恼，可以"诉说"失恋给你带来的伤痛，可以"痛骂"给你带来不快的领导。总之，一切的不快乐都可以向日记本宣泄，而宣泄过后，你也一定会感到如释重负。

写日记是向自己倾诉的一种方法，谈话或写信便是向知音、朋友、师长等信任的人倾诉的方法。可以从他们那里得到同情、理解和帮助。只要勇于打开心扉，朋友便会尽力帮你减轻心理负担的压力，帮你分担忧愁。

另外，在忧郁、烦闷时，痛哭一场也无妨，大吼几声、放声高唱或打球、跑步、洗澡，借此来忘掉忧愁。但任何宣泄方法都不可过分，更不能伤害自己或伤害他人，适时、适度地宣泄，这才是明智之举。

心情不好时，可以外出漫步散心，让优美的景色、新鲜的空气冲淡内心的不快与烦躁；可以听一段轻松愉快的音乐，让舒缓的旋律来抚慰那纷乱的心绪，让自己陶醉在音乐中，心绪自然会随着高山流水而平静、舒坦。这是依靠转移情景的方法帮你摆脱坏心情，让你时时沉浸在快乐中。

你也可以暂时放下眼前的工作，可以参加一些集体活动，在欢乐的气氛中摆脱痛苦的阴影；也可以离开令你伤心、烦恼的地方，去做一些自己喜欢的事来转移你的注意力，忘掉烦恼和不快。

如果我们能始终以乐观的态度去面对生活中的一切，好心情就会常伴我们。生活中有人什么都不缺，就是缺少快乐；而看上去什么都不如别人的人却整天乐呵呵的。他们的差别不在于拥有多少物质上的东西，而在于内心是否知足。

一个身材矮小的学生，总感到自己身体条件不如别人，因此十分自卑。有一天他参观了聋哑学校后，觉得比起那些残疾人来，自己是多么的幸运，于是他不再为自己的身材而烦恼，从此他努力培养自己的特长，力图在成绩、能力上能够高人一等。当一个人心情忧郁时，往往感到自己命运不好，不如别人，其实谁都有痛苦的时候，但每个人也都有让他人羡慕的地方，只不过可能自己还没有发现而已。只要知足常乐、学会遗忘、懂得放弃，你就会成为一棵"忘忧草"，就能经常拥有好心情，就能快乐地度过每一天。

古诗有云："但愿此心春长在，须知世上苦人多。"现实中真的是有许多人感到自己活得很辛苦，生活中没有一点乐趣。正因为世人心中无"春"，所以才无快乐可言。人生其实是快乐的，只不过快乐深藏在人们的内心而不易被察觉而已。

荣启期在泰山，鼓琴而歌，优哉游哉，孔子路过，就问他为什么这么快乐？

"天生万物，惟人为贵，我得为人，何不乐也？"荣启期反问道。

正如荣启期所说，生而为人本身就是一种快乐，快乐是人生的主题。只要我们以饱满的热情去对待生活，用心去体会，就能快乐地度过每一天。

春天，特别是早春时节，从重新披上绿装的大地上，从水光潋滟的湖面上，从春来发几枝的柳树上，从鸟雀叽喳的瓦房屋顶，从万物萌发的郊外，从身边女人和孩子们的身上，你随处都能感受到风景的存在，让心灵享受美的熏陶。只要用心灵去感受，你就能体会到"夹岸桃花三两枝，春江水暖鸭先知。蒌蒿满地芦芽短，正是河豚欲上时"这番美景中描述的境界。

夏天，你可以去感受骄阳下的万物傲然挺立的飒爽英姿。如果是晴空万里，你可以去河边感受"水光潋滟晴方好"的诗意；如果是雨天，你不妨去体会"山色空蒙雨亦奇"的意境。

秋天好景连连，是一个收获的季节。正如古人所说："一年好景君需记，最是橙黄橘绿时"。看到枝头上挂满果实的梨树，你能不开心吗？闻到空气中弥漫着的果实的芳香，你能不开心吗？哪怕是看看满街的落叶，也会带给你无穷的遐想，你也没有理由不开心。

冬天给人的感觉总是肃杀寂静的，似乎给人一种压抑的感觉，其实不然，冬天也有自己独有的美丽。比如看雪时体会陈毅元帅诗中那种"大雪压青松，青松挺且直"的诗意，不也很让人振奋，也很美吗？即使去看那光秃秃的树，在凛冽的西风的肃杀中沉着坚持的样子，也让人感受到力量和希望。享受着这一切，你也没有理由说冬天不美了。

只要你愿意用心去发现快乐，你随时都可以感到愉快，你可以在烈日中独行，让阳光洒满你的心灵，你可以在阵雨中歌唱，使音乐充满你的心灵，你可以在风中散步，让风儿吹散你心中的不快，你可以……总之，只要你愿意，快乐就可以呼之即来。

人生是愉快的，但是世界上始终有很多人感觉不到愉快，这是由他们自己的愚昧和怯懦造成的，是他们没有用心去对待生活，你要相信，只要尽自己所能，用心去体会、去表现，你就可以让自己每一天都生活得很快乐。

用幽默来调节身心

幽默所包含的特性是让人变得快乐，所包含的能力是感受和表现有趣的人和事，制造愉悦的气氛。

幽默不仅是个人魅力的一种体现，也是一种博大的胸怀。生活中的幽默是一种智慧的表现，人们可以通过具备的幽默感化解许多人际交往中的冲突或尴尬的情境，能平息人的怒气，可以让人更加自信，心情更加愉悦，也可给自己和别人带来很多快乐，幽默者往往比不懂幽默的人具有更大的吸引力和凝聚力。

珍珠港事变之后，尼米兹坐上了美军太平洋舰队司令的职位。他为人平易近人，遇事沉着冷静，留着一把胡子，士兵们背后都叫他"山羊胡子"。有一天，他乘坐的军舰在海上和敌人的军舰相遇，双方立刻展开猛烈的炮轰，一连指挥了好几个钟头，尼米兹觉得有点儿疲倦了，便叫旁边一个水兵替他端来一杯咖啡。水兵离开没多久，因为日机来袭，尼米兹便下令熄灯，整艘军舰顿时一片漆黑。水兵端了咖啡，在黑暗中到处找尼米兹，找了很久都没找到，便很不耐烦地说："咖啡来了，可是这个'老山羊胡子'去哪儿了？"尼米兹恰巧就站在他旁边，便说："'山羊胡子'在这儿，不过要记住，下次最好不要在前面加个'老'字！"

对于属下对自己不敬的称呼，尼米兹不但毫不介意，还轻松幽默地化解了尴尬的场面，反而更好地树立了自己的形象。俄国著名文学家契诃夫有这样一句名言："不懂得开玩笑的人，是没有希望的人。"

生活因为有幽默感的人的存在而总是充满情趣。许多看来令人痛苦烦恼之事，他们却可以轻松自如地应付。这是因为他们掌握了幽默这一适应环境的工具，找到了面临困境时减轻精神和心理压力的有效途径。

林肯是美国最具幽默感的总统之一。早在读书时，有一次考试，老师问林肯："你愿意答一道难题，还是两道容易的题目？"林肯很有把握地答："答一道难题吧。""那我问你，鸡蛋是怎么来的？""鸡生的。"老师又问："那鸡又是从哪里来的呢？"听到老师这样问，林肯微笑着说："老师，这已经是第二道题了。"

一次，林肯走路去城里。一辆汽车从他身后开来，他招手示意车停下来，对司机说："能帮我把这件大衣捎到城里去吗？""没问题，"司机说，"可我怎样将大衣交还给你呢？""哦，这很简单，我打算裹在大衣里头。"司机被林肯的幽默逗得哈哈大笑，笑着让他上了车。

研究表明，幽默可以减轻病痛带来的痛苦感，减轻烦恼带来的郁闷感，有利于调节情绪和消除身心疲劳。而且，美国的一些科研机构已经开始使用幽默疗法，这种幽默疗法可以使患者放松全身的肌肉，可以解除内疚、烦恼、抑郁的心理状态，从而更有利于疾病的治疗。

幽默是一种生活态度，存在于生活的方方面面。幽默代表着一种高尚的生活态度、优雅的生活观念，是一种能够让你保持一份自信和希望，能让你从难堪、不快、贫穷和痛苦中走出来，永远保持快乐的心情。一个有幽默感的人必定是一个心理健康的人，他懂得如何自我劝慰，排解生活中的各种郁闷、压抑的情绪,而且还能把这种快乐传染给身边的人,成为一个受人欢迎的人。一个幽默的人,不但可以以幽默来保持乐观,还能够以幽默来打破僵局、解除敌意、化解尴尬。所以,让我们调节自己的身心,化不快为动力,成为一个具有幽默感的人吧,让快乐的花朵开满人生的花园!

让你的生活不再有空虚的影子

空虚对人来说是百害而无一利的。陷入空虚旋涡的人,不会感受到生活的快乐。

如果把一个人的身体比作一辆汽车的话,那么你自己就是这辆汽车的驾驶员。如果你整天无所事事、空虚无聊、没有理想、没有追求,那么,你一定是个可悲之人,因为你无法体会到生活中的快乐。

一个白领在外企工作,他曾在日记中这样写道:"每天,我照常地工作、生活,可总觉得心里好像有点不对劲,似乎不知道我为什么而工作、为什么而生活,常常有一种很空虚的感觉。看看其他同事,工作时总是充满热情,玩的时候又能够玩得潇洒。而我感觉做什么都很无聊,什么都没意思。这种情绪让我整天心绪懒散、寂寞惆怅、百无聊赖,却找不到摆脱它的方法。为什么别人能过得那么充实,我却总感觉如此空虚呢?"

空虚是一种消极情绪,被空虚侵袭的人都会对理想和前途丧失信心。他们或是毫无朝气,遇人遇事便摇头;或是消极失望,以冷漠的态度对待生活。为了摆脱空虚,他们或抽烟喝酒,打架滋事;或毫无目的地游荡、闲逛,沉迷于某种游戏。在浪费了大把的好时光过后,他们又发现,生活、前途仍是一片茫然。可以说,空虚对人来说是百害而无一利的。陷入空虚旋涡的人,不会感受到生活的快乐。

我们应该怎样做才能摆脱空虚呢?唯一的方法就是让它彻底离开你的生活。

第一，面对空虚，关键是树立自己的理想。俗语有云，"治病先治本"，空虚的产生主要来源于对理想、信仰及追求的迷失。所以，消除空虚的最有力武器就是树立崇高的理想、建立明确的人生目标。当然，这个过程并非一蹴而就，但当你坚定地向着自己的人生目标努力前进时，空虚就会离你悄然而去。

第二，面对空虚，培养对生活的热情也十分重要。我们常说，生活是美好的，就看你以怎样的态度去对待它。一样的高山大海，一样的蓝天白云，你可以积极地从中感受到大自然的美丽，也可以从中感受到自己的渺小和无力。后者会使你将自己看得很轻，觉得自己的人生价值小到可以忽略不计，抱着这样的态度就不可能拥有充实、快乐的人生；前者不但能够让你感受到美好事物，还能够帮助你以良好的心态去处理工作和生活中遇到的事情。

第三，面对空虚，努力提高自己的心理素质。有时候，人们生活在同一环境中，但由于每个人的心理素质，有人遇到一点挫折便偃旗息鼓，进而甘愿碌碌无为，轻易为空虚所困扰，但是，有的人却能面对困难毫不畏缩而始终以微笑面对。因此，有意识地加强和提高自身的心理素质，就能够将空虚及时地扼杀在萌芽状态，杜绝任何可以让它进一步侵害我们的机会。

第四，面对空虚，要认清自己，脚踏实地。经常感到空虚，很有可能是活得不够脚踏实地。有些人在生活中怀有不切实际的期望或目标，总是在生活中追寻些什么，而忽视了生活本身，因此常常会感到人生是虚幻、不真实的。要挥别空虚感就要建立"务实不务虚"的生活态度，"活在当下"的人，心中不可能存在任何黑洞。

用微笑面对生活

快乐的生活，关键是要有一份好心境。心境的好坏，在人不在天，在己不在人。

人生有喜有悲、有乐有苦、有得有失、有沉有浮、有爱有恨、有聚有散、有生有死。做父母者有父母的欣喜和操劳，做儿女者有儿女的骄傲和反抗，为人夫者有丈夫的甜蜜和苦衷，为人妻者有妻子的幸福和辛酸，农耕者有田园的安逸和艰难，治学者有纸墨的雅趣和清贫，从政者有官场的得意和危机，经商者有商海的亨通和风险。

人生得意时，不可目空一切，欣喜若狂；人生失意时，切忌自暴自弃，长吁短叹。人生得意时，不管别人阿谀奉承还是献媚恭维，都要头脑清醒，珍惜生活；人生失意时，不管别人指手画脚还是冷嘲热讽，都要振作精神，热爱生活。

笑对人生——相信生活会给每一位热爱它的人以丰厚的回报。

如何驾驭生命这一叶小舟，让它在遇到险滩恶浪时能够迎风破浪，驶向成功的彼岸呢？这需要你的勇气。不管风吹浪打，胜似闲庭信步，以百折不挠的意志去面对困难，相信你会从山重水复走向柳暗花明的境地。人生难免有起伏，没有经历过失败的人生是不完整的人生。正因为有了挫折，才有懦夫与勇士之分。很多美国人都相信磨难中也有快乐，不少靠领救济金生活甚至以乞讨度日的人，都能够自娱自乐，他们认为即使身处不幸，也能找到快乐。

在遇到挫折时，要不断地对自己说：挫折只是一件事，不能让它完全将自己的心占据，否则就是把快乐拒之于门外；如果满心都是快乐，挫折就没有了立足之地。

人生如镜，你对它哭，它就对你哭；你对它笑，它就对你笑。同时，人生还像一张网，你对它哭，它就会紧紧地把你裹在其中，越裹越紧，让你透不过气来；你对它笑，它就会张开网，让你自由地飞翔。所以，请敞开你的心扉，微笑着面对人生吧！

生活与世间的万事万物一样，有其必然的发展规律，只有顺其自然，才能活得开心自在。而超越自身的条件，去追求那些本不属于自己的东西，就不可能活得很轻松。

成天绷紧神经，小心眼儿，板着脸孔做人，把自己搞得心浮气躁，值吗？过日子，不求轰轰烈烈、潇潇洒洒，但求平平淡淡、开开心心。生活过得不开心，即使权高位重，财雄势大，身显名耀，也没有多大意义。"人生不满百，常怀千岁忧"，倘若你以天下为己任，忧国忧民，那是应当令人敬慕和学习的；倘若仅仅是为了一己私利而失魂落魄、忧心忡忡甚至茶饭不思，那只是在自寻烦恼罢了。

毕竟心怀天下的人占少数，绝大多数人是为了生存而奔波忙碌的凡夫俗子。凡俗中人虽然不一定有多么崇高的思想境界，但也并非唯利是图之辈。他们其实不太看重生前身后的名利，他们更注重现世，也就是为了活得开心。只要我们安心做人，开心生活，乐而笑，悲便哭，即便日子平淡也能体会到快乐。

好的心境来自于人性的平和与淡泊。平和就是对人对事都要想开点、看开点，对生活中的得失不必斤斤计较；淡泊就是要超脱世俗的困扰、红尘的诱惑，有登高望远、宠辱皆忘的情怀。其实，保持一份好的心境并不意味着与世无争，也不意味着随波逐流、冷眼旁观，更不是封建士大夫式的悠闲潇洒。拥有一份好心境，实际上是一种博大胸怀的体现，它能超越自我，平凡的心境中蕴涵着人生的真味。

开心过日子，除了要保持一份好心境之外，还需要有一个温馨的家。

快乐需要自己去制造

当你渴望自己每天都能够拥有一个好心情的时候，不妨每天早上起来时给自己一个甜美的微笑，并一直保持下去。

正如苏轼所写："人有悲欢离合，月有阴晴圆缺，此事古难全。"现实生活中，我们所要面对的烦恼往往很多。或许正是因为存在这些烦恼，才让我们更加渴求能够出现快乐。但是快乐不是等来的，快乐不会凭空降临，要学会自己给自己制造快乐。

想要得到快乐首先要学会放弃。放弃对名利的欲望，放弃对"平衡"的偏见，放弃那些影响你心境的东西。古人说："欲甚生烦""欲炽则身亡"。不切合实际的事物和想法会让人整天焦灼不安，给人带来很多的烦恼，心烦气躁。所以，想要得到快乐，首先要学会放弃。

想要制造快乐，还要学会感激。因为感激能架起与心灵沟通的桥梁，能在迷茫困惑的时候为你指引一条阳光大道，人在学会感激的同时就能够拥有快乐。比如，感激生活，感激父母的培养，感激老师的教育，感激朋友的帮助……常怀一颗感恩的心，能给对方和自己带来一分温馨，让亲人感到欣慰，受到朋友的欢迎，这样的人生怎么可能不快乐呢？

想要制造快乐，要拥有一颗看淡一切的心。有些想不开的人，在烦恼袭来时总觉得自己是天底下最不幸的人，谁都比自己强。其实，事情并不完全是这样，也许你在某方面是不幸的，在其他方面却有可能是幸运的。不要总是盯着自己的"伤口"不放，如果已经出现了烦恼，就要勇敢地正视它，并努力寻找解决的办法；如果烦恼的事情已经过去，那就把它从记忆里删除。尤其是那些对你态度不友善的个别人，千万不要念念不忘，更不要认为自己总是被人曲解和欺负，进而封闭自己。人毕竟是群居的动物，无法完全脱离社会而单独生存，只有学会宽容和遗忘，才能融入社会之中。

制造快乐要学会用欣赏的心态看待快乐的事情。大多数人的生活都是平凡的，没有那么多惊心动魄、大起大落，所以也很少有大喜出现。所以我们要善于享受日常生活中俯拾即是的小小的喜悦。比如看了一本好书，提前完成了工作任务，看了一场好电影，与朋友愉快地共进晚餐，买了一件漂亮时装，看了一次美丽的日出……记住这些好的、快乐的事，时常温习它们，快乐的细胞就能在全身跳动，快乐的光环就能时刻笼罩着你。

当你渴望自己每天都能够拥有一个好心情的时候，是否尝试过每天早上起来时给自己一个甜美的微笑，并一直保持呢？这确实是一个不错的主意，如果你坚持每天做下去，并将其视为一种习惯，就会发现心情会因此变得越来越好，生活会因此变得越来越幸福。

  一天清晨，在一列老式火车的一节车厢中，约翰和另外七位男士正挤在洗手间里洗漱。经过了列车一夜的颠簸，人们多半面带疲倦，神情漠然，互不交谈。

  就在此刻，洗手间里走进来一个穿着得体、面带微笑的男人，他愉快地向大家道早安，没有人理会他，但他似乎并不在意。随后，当他准备刮胡子时，竟然自娱自乐地哼起歌来，看上去很开心的样子。他的这番举动令约翰感到极度不悦，于是他带着讽刺的口吻问这个男人："喂！你看起来好像十分得意的样子！"

  "对，你说得很正确。"这个男人回答说，"正像你所说的，我是很得意，因为我真的觉得很快乐。"然后，他又说道，"我只是把让自己觉得快乐这件事当成一种习惯而已。"

是的，快乐其实就是一种习惯，一种能让人生活中充满阳光的习惯。其实，不管是幸运或不幸的事，起决定作用的往往是人们心中习惯性的想法。如果我们能培养自己的愉快之心，并把幸福当成一种习惯，那么，生活将成为一连串的欢宴。

到底应该如何培养这个习惯呢？

首先，要学会接纳生活中不愉快的人和事。人在生活中总会遇到这样或那样的不愉快，这些不愉快像如影随形，它是我们自身的一部分，和快乐是一对双胞胎。因为有了不愉快，我们就才更能体会到快乐的美好，所以我们感谢快乐的同时，也要感谢不愉快。如果在遇到不愉快的时候就一味地懊恼、埋怨、谴责、自怨自艾，就会在不愉快的同时增添许多烦恼；如果我们能做到像接受快乐一样接纳不愉快，就能做到泰然处之、心态平和。

其次，要练就一双慧眼，善于从生活、工作的方方面面中发现快乐。俗话说："生活中从不缺少美，缺少的是发现美的眼睛。"快乐也是一样的道理，生活中从不缺少快乐，缺少的只是发现快乐的眼睛。任何事情都是有其两面性的，当不愉快的事情发生时，不要只想到自己倒霉和不幸的一方面，也要想一想：这事对我有什么好处？我能从中学到什么？我怎么做才能避免以后再发生此事？同样，看一个人，如果你只看缺点，肯定就会讨厌他，但如果你能发现他的优点，就会觉得他其实也是个不错的人。

除此之外，不妨经常做一些自己喜欢的事情。比如喝一杯沁人心脾的下午茶，和好友隔三岔五地小聚一次谈谈心，周末时去野外呼吸新鲜的空气……这些都有助于让心情放松下来，快乐就会常伴你的左右。

第3章
不要让坏情绪遥控你的心

快乐的钥匙掌握在我们的手中,当我们悲伤或者是痛苦的时候,打开自己的心扉,清扫心中郁积的消极情绪,把快乐释放出来。如果我们希望自己能够永远保持快乐,就要学会调节自己的内心,而不是受外界条件的影响和支配。

摆正心态，面对世间一切

> 拥有一个好的心态，它会让人开心，催人前进，让人忘掉劳累和忧虑。

人生在世，不可能总是一帆风顺，总会遇到林林总总、大大小小的困难或挫折。事实上，遇到不顺心的人和事是人生中司空见惯的现象。然而，面对不幸，有的人不是萎靡消沉、悲观失望，就是心烦意乱、痛苦不堪，暂时的痛楚是很正常的，不可否认，不幸会影响人的思维判断，会刺激人的言行举止，会打击人面对生活的勇气。比如，当失去亲人朋友时会让人悲痛至极，在生活中遇到别人的误会会让人感到委屈，在工作中受到领导的批评会让人心情低落，在仕途中遇到不顺会让人工作消极。遇到这些现象时，人的这些表现是很正常的。因为人是有自我思维的、有感情的高级动物，这也是区别于一切低级动物的标准。但不可以过于纠结于此，长时间陷入黑暗之中而无法自拔是极其不明智的做法，否则一个人会活得很累，接踵而来的将会是无尽的烦恼。

用好的心态面对一切的人，会积极向上，宽容开朗，会笑对不幸，乐观豁达。当遇到困难时，好心态会给人克服困难的勇气，让人相信"解决问题的方法总比问题本身要多"，让人去亲身体验"世上无难事，只要肯登攀"的道理。当遇到不顺时，好心态会让人的头脑更加理性，面对不顺不是悲观失望，而是反思自己，有则改之，无则加勉，让自己通过反思挫折，从而更上一层楼。

面对任何事情时都抱有一个好的心态，当遇到委屈时会给人安慰，让人有容人之度，谅解他人，体谅别人；当遇到变故时，它又会使人化悲痛为力量，沉着面对，冷静思考。好的心态可以让一个人的眼光更加深邃，洞察社会的能力更加敏锐，能够让人以积极的态度去战胜不幸，用无比的自信去面对生活。

好的心态是成功的一半。有人说过，有什么样的心态就会有什么样的行为方式，而行为方式决定着一个人的人生走向。同样生活在一个世界上，有的人整天开心快乐，有的人却愁眉不展。究竟是什么使他们之间有如此大的差异？很简单，他们的心态不一样，心态的不同导致他们结局的不同。成就一生，首先就要培养良好的心态。如果用好的心态去面对困难，就会充满自信，就会持之以恒、锲而不舍，就会迎难而上、百折不挠，就会取得最后的胜利。

既然知道好心态对身心有这么大的好处，很多人就一定想知道怎样才能保持好心态。下面这个方法值得向大家推荐。

如果一个人一直在心中暗示自己要保持什么样的心情，那么长此以往他便会达到那种自己期盼的心情。美国心理学家霍特经常向大家讲述这样一件事情。有一天，他的友人弗雷德感到空虚无聊、心情烦躁，于是他避不见人，以此来应对情绪的低落，等到这种心情消散，他才开始做自己的事情。由于这一天他要和上司举行重要会议，所以他只得勉强自己，让自己试着装出一副快乐的表情。参加会议的时候他谈笑风生，笑容可掬，好像自己真的心情很好一样。奇怪的是时间一长，原先他是故意装成心情愉快而又蔼可亲的样子，而现在他自己真的感到了十分愉悦，心里的无聊和烦躁早已经被抛到九霄云外去了。事实上，弗雷德并不清楚他在无意中采用了心理学研究方面的一项重要的新原理：尝试装有某种心情，一段时间后便能够真正获得这种感受。遇到困境依然十分开朗，绝不怨天尤人，即使不幸降临头上也要满怀自信。

当你心烦意乱时，可以尝试回忆一些自己过去感到愉快的事情，同时用微笑来刺激自我，不断提醒自己。要尽量多想快乐的事情，让自己尽快摆脱不愉快的心情。既可以高声朗读，这会有助于改变心情，振奋精神，还可以听欢快的音乐，让人心情舒畅。心理学研究显示，心情烦恼的病人带着表情高声朗读后，将会使自己的情绪大大改善。同样，一个抑郁的病人听了欢快的音乐后精神也会变得兴奋。良好的心情有助于保持健康，这是任何药物都无法代替的；恶劣的心情则有害身体，就像毒药一样残害人的五脏六腑。

每个人都希望自己能够永远被欢乐和幸福所包围，过着无忧无虑的生活，可是现实是无情的，生活是千变万化的，每个人身边都会发生一些不如意的事，让先前高兴的心情一落千丈。心理学研究表示，如果频繁而持久地处于忧愁、烦恼、苦闷和悲哀之中，一定会影响到一个人的健康，甚至可以减损寿命。怎样才能摆脱不良情绪的影响，保持一份好心情呢？

要想保持好心情，就要学会转移不良情绪的方法。人生的道路不会一直平平坦坦，而是崎岖不平，坎坎坷坷的，人生难免会遇到挫折和失误，有烦恼和苦闷也是理所当然的。可是如果长期陷入不良情绪，一个人的心情就会总是处于郁闷的状态，此时此刻，最关键的是应该把注意力迅速转移到别的地方去。比如，有时遇上不顺心的事情或在家中与亲人发生争吵，自己可以选择暂时离开现场，换个环境，换种心情。如果任凭这种不良情绪继续的话，只能让现场情况继续恶化。当心情不好时还可以找朋友"侃大山"，说出心中的不悦，或者参加一些文体活动，娱乐一下自己。转移不良情绪就会被使之冲淡甚至彻底消失，让你重新恢复平静的心情。

要想保持好心情，可以尝试憧憬美好的未来。未来是美好的，是令人神往的。追求未来是所有人的天性，也是社会进步的力量之源。一个人时常憧憬美好的未来，就会经常保持奋发进取的精神，让自己意气风发，勇往直前。不管你遇到什么困难，都应当泰然处之，要始终坚信，苦难是人生的一笔财富，它是通往成功的必经之路。不管现实如何残酷，都应该坚信困难总是会被克服的，自己会离曙光越来越近，未来永远掌握在自己手中。

要想保持好心情，就要向知心好友倾诉与分享。有的人心情不快时总是闷在心里不和别人讲，自己一人独自承受，这样时间一长会闷出病来。所以专家建议，即便是男人，在痛苦的时候也要适当流出泪来，发泄心中的不快。有了苦闷就要学会向人倾诉。一般来说，倾诉的最佳对象是身边的朋友，所以一个人要广交朋友。有的人会因为要防范着别人的"侵害"而不去交朋友，这是错误的做法。如果一个人身边没有朋友，遇到困难时就会无人相助，遇到不顺心的事情时也无法找到可以一吐为快的对象。如果身边多几个真心好友，当自己心有不快时就可以找他们倾诉自己心中的痛楚，这样，心情就会像打开了一扇门一样明朗起来。难言之隐不仅可以向朋友倾诉，还可以向亲人倾诉，学会向他们倾诉心中的委屈和不快，这样，自己的心境就能马上由阴转晴，现出柳暗花明的景象。

要想保持好心情，就要使自己的爱好更加宽泛。一个人如果能够拓宽自己的兴趣爱好，他就能够有很强的适应能力，心理压力就会减小。有的人退休后觉得自己无所事事，很容易产生自己没有价值，被社会遗弃了等失落感。而有的人则希望无事一身轻，充分利用业余时间看书写字，养鸟钓鱼，弹琴舞剑。所以一个人的兴趣越广泛，生活就会越丰富充实，充满阳光、活力。

要想保持好心情，就要学会以宽容的心对待所有人。只要与人打交道，难免会和别人产生小的矛盾，就连好友之间也会有争吵与纠葛。只要不是大的原则问题，就要学会宽大为怀，就要与人为善。如果自己总是有理不让人，无理争三分，总将一些鸡毛蒜皮的小事挂在心头，就会跟朋友伤了和气。"何事纷争一角墙，让他几尺也无妨，长城万里今犹在，不见当年秦始皇。"如果能够怀着这样高风亮节的博大胸怀，一个人就会和所有的人相处融洽。

要想保持好心情，做到忆乐忘忧是十分必要的。人生的道路既会有荆棘丛生，也会有铺满鲜花，心情既会忧心如焚，也会其乐融融。有计划的人要对它们进行精心筛选，不能被那些恐惧、忧虑、彷徨、悲哀、凄凉的心境所困扰。如果一个人能够时常回忆那些美好、快乐、幸福的往事，自己的心坎上就会泛起层层涟漪，激发人们去开拓未来；如果一个人总是想起那些曾经不愉快的事情，无限的烦恼就会滞留于自己的脑海之中，不幸与痛苦就不会从头脑中抹掉。如果一个人的心头总是被阴影所笼罩，就会失去前进的动力，他的前途就是一片黑暗。如果能够去除阴霾，迎接久违的好心情，就会快乐常在，笑口颜开。

一个人如果总是以苛刻的视角来对待自己，以狭隘的眼光去看世界，他的眼中看到的就是自己没有蒙娜丽莎的漂亮，没有赫本的魅力，也没有盖茨的财富，没有布什家族的背景，等等。如果总是和比自己富有的人过分攀比，自己的人生就只会充满痛苦；如果换一种心态，便会拥有一颗阳光、快乐的心灵，生活便会怡然自得，心情便会心旷神怡。世界上最幸福的人是知道自己幸福的人，最不幸的人是不知道自己幸福的人。

从前有一个国王，虽然衣食无忧，但是他每天都是郁郁寡欢、闷闷不乐的样子。于是他派一位大臣周游全国去寻找一个最快乐的人，向他探究快乐人生的法宝。

有一天，大臣路过一个偏僻的村落，村子里传来了优美的歌声。他随声而去，发现一位农夫一边劳作一边唱歌，看上去十分快乐的样子。大臣走上前去，向农夫打声招呼："老兄，你好。冒昧地问一下，你仅仅拥有这几亩薄地、两间漏雨破落的茅草房和一头老眼昏花的耕牛，为什么还能够如此快乐呢？"

听完大臣的话，农夫哈哈大笑，说道："我之所以快乐，是因为有一次我曾因没有鞋子穿而懊恼沮丧，可是当我看到了一个没有脚的人之后，我庆幸自己还有一双完好无损的脚，所以从此以后我就变得快乐了起来！"

现实中总有很多人喜欢与别人攀比。其实，人外有人，天外有天，大多数人都是比上不足，比下有余。如果你是乌龟，就不要和兔子比赛跑，你应该修身养性，和它比长寿，看谁长生不老，寿比南山。或者和他比游泳，看谁游得快！

一位富人带着万贯家财去远方寻找快乐，可是走遍了千山万水也没有找到。一天，富人遇到了一位衣衫褴褛的农夫，只见那农夫唱着山歌，十分愉快地走过来。富人向农夫讨教快乐的秘诀，农夫哈哈大笑，说说："我哪里有什么秘诀，只要你肯放下肩上背负的东西就可以了。"富人顿时幡然醒悟，原来自己肩上背着沉重的金银珠宝，都快把自己的腰压弯了，而且自己一路上住店怕偷，行路怕抢，老是惊魂不定，忧心忡忡，这样根本无法感受到快乐。

很多时候，世间万物之中，幸福就在我们身边，而是人们不懂得去发现幸福，不知道自己和幸福之间的距离。只要常怀一颗真诚的心，就能够体验到快乐，发现幸福。

要想使自己过得快乐，关键是要将自己的长处发挥出来，这样便会发现自己的优点，意识到自己的价值。如果一个人整天只看别人的长处和自己的不足，一定会陷入自卑的深渊。现实中快乐和忧愁就在毫厘之间，人的心态是决定一切的关键。这好比一群正在爬树的猴子，往上看，看到的都是屁股；往下看，看到的都是笑脸。所以摆正心态，正视现实，是一个人打开成功之门的钥匙。

幸福其实一直都存在在你我身边，关键在于我们是否善于发现自己的幸福所在。发现幸福的方法并不难，只要平时能够知足常乐，幸福便常伴左右。如果一个人过于苛求自己，贪得无厌，那么他会为自己拥有半杯水而不满。知足的人会因自己拥有半杯水而庆幸，自己比起那些没有水的人来说，已经是十分幸福的了；如果为自己没有一杯满满的水而烦恼，那么就永远不会知足，自己得到的也永远只有无尽的苦恼。

快乐是充满阳光的人生哲学

生命中有太多要学习的事，只是我们不一定能全部体验。生活中有太多可以尝试的事，只是我们不一定能全部经历。

一个脆弱的百万富翁可能会对自己说："如果我的所有积蓄被别人夺去了，那就再也没有人会理我了。"

一个坚强的人却可以对自己说："如果债主非得逼我和他捉迷藏的话，那我正好可以借这个机会好好活动活动。"

人世间，并不是没有烦恼就会快乐，也不是说快乐的人就没有任何烦恼。那么，人们能否一生都保持愉快呢？请牢记下面7条定律。

1. 承认弱点。人无完人，要勇于承认自己的弱点，乐意接受别人的忠告、建议，并在自己需要帮助的时候勇敢承认。

2. 汲取教训。应该从生活的失败和挫折中汲取教训，勇往直前。

3. 有正义感。人们都会乐于帮助在生活中诚实和富有正义感的人。

4. 能屈能伸。对待人生应处之泰然、随遇而安，人的一生难免会遇到意想不到的打击，要客观地对待它们。

5. 热心助人。对他人施以援手，关系融洽，自然就会受人尊敬。

6. 宽恕之心。自己受到不平等待遇时，要怀有一颗宽恕的心。

7. 坚守信念。不论做什么事情，都必须始终坚守个人的信念。

然而，快乐有时是需要我们自己去创造的，可以通过以下的途径去创造快乐。

精神胜利法是有益身心健康的一种心理防卫机制。在你的爱情、婚姻、事业不尽如人意时，在你因经济上得不到合理对待而伤感时，在你因生理缺陷遭到嘲笑而郁郁寡欢时，在你无端遭到人身攻击或不公正的评价而气恼时，你不妨用阿Q的精神调适一下失衡的心理，营造一个豁达、坦然、祥和的心理氛围。

一、难得糊涂法

这是使心理环境免遭侵蚀的最佳保护膜。在一些非原则性的问题上"糊涂"一下，无疑能提高心理的承受能力，避免不必要的精神痛楚和心理困惑。这层保护膜能够让你处乱不惊，遇烦不忧，面对生活中的各种突发事件能够以恬淡平和的心境面对。

二、随遇而安法

这是心理防卫机制中一种正常的心理反应。培养自己适应各种环境的能力，遇事总能满足，烦恼就少，心理压力就小。生老病死，天灾人祸都会不期而至，用随遇而安的心境去对待生活，你的心灵天地将始终宁静清新。

三、幽默人生法

这是心理环境的润滑剂。当你受到挫折或处于尴尬紧张的境况时，可用幽默化解困境，维持心态平衡。幽默是人际关系的"空气调节器"，它能使沉重的心境变得开朗、豁达。

四、宣泄积郁法

心理学家认为，宣泄是人的一种正常的生理和心理需要。你悲伤忧郁时，不妨与朋友，尤其是异性朋友倾诉；或者通过热线电话等向主持人和听众倾诉；也可进行一项你所喜欢的运动；或在空旷的原野上大声呐喊——既能呼吸新鲜空气,又能将心中的积郁宣泄出来。

五、音乐冥想法

当你出现紧张、焦虑、忧郁等不良的心理情绪时,不妨试着做一次"心理按摩"——音乐冥想。

当然,创造快乐还有很多其他的方法,重要的是我们在生活、工作中,要经常保持乐观的心态。

    汤姆夫妇俩一直渴望有个孩子,而且很早就为孩子取好了名字,但是,他们在十多年之后才如愿以偿。

    他们的宝贝叫梅西。汤姆夫妇想尽办法教导儿子,连走路的方式也清清楚楚地告知:"我的宝贝儿,走路时记得要看着地上啊!你走在木板上时,要专心看着脚底下,因为木板最容易让人滑倒,你有可能会摔伤的。"

    梅西开始学习走路时爸爸就这样叮嘱他。乖巧的梅西也遵从父母亲的教导,只要在木质地板上走路,他的眼睛就一定紧盯着脚下。

    有一天,一家人来到山间游玩,爸爸又对梅西说:"在山路行走时,你还是要看着地上,每一步都要相当小心,不然你会从山顶跌落摔到山谷中;而下山坡时,你一样要看着脚下,否则一个不留神,你就会把脚踝扭伤,明白吗?"

    梅西点了点头,说:"知道了,爸爸!"

    有一天,梅西准备到海边游玩,妈妈连忙叮嘱他:"宝贝儿啊!当你走在沙滩上时,千万要小心啊!双眼一定要紧盯着脚下,因为海浪随时都会出现,要是你足够幸运的话,只会被溅湿全身,要是一不留神就会被卷入大海。"

不幸的是，不久之后，汤姆斯夫妇相继离开了梅西。可怜的梅西从小就习惯听从爸爸妈妈的引导与叮咛，如今他只能在过去的叮咛中继续生活，他仍然遵从着父母的叮嘱。

梅西认真执行着父母的话，在木板上、在田野间、上山与下山时，他都用心地盯着脚下。即使来到沙滩，听见美丽的浪潮声，他也绝对不会抬头看看，声音来自于哪里。

不管走到哪里，"听话"的梅西，总是低着头往前走。

梅西从来没有滑到过，也没有跌倒或碰伤过，一生几乎是毫发无伤，但是他就这么"低着头"走完了自己的一生。

在梅西临死前，他仍然不知道，原来天空是蓝色的，天上不仅有美丽的云彩，还有耀眼迷人的星星。因此，他从来都不知道自己所走过的地方，有多么美丽的风景。

如果你也像汤姆夫妇一样，总是害怕危险、担心受伤，你就永远享受不到真正的美丽人生。因为，生活的最大乐趣，就是能经历失败的痛苦与成功的喜悦，这些才是你活着的重要目的，也是生命的真谛之所在。

不要被愤怒冲昏头脑

愤怒是一种常见的消极情绪，当现实与愿望相违背或始终不能实现愿望，并一再受挫时，人就会愤怒。

人遭受失败，遇到不公，会愤怒；上当受骗，不容申辩，会愤怒；无端受人侮辱，隐私被人揭穿，会愤怒……诱发愤怒的不同原因，产生不同层次的愤怒，不满、生气、恼怒、大怒、暴怒都是它的兄弟姐妹。

就个人而言，为什么我们有时候难免要发脾气？为什么我们总是易怒、紧张，而前人却不像我们这样？为什么我们的怒气常常一触即发？

紧张是招致愤怒的原因之一。现代人的生活节奏快，无形中形成了一种张力，好像琴上的琴弦不断拉紧以致最后绷断。日程表安排得愈来愈满，直到有一天大动肝火之后才问自己："我为什么发这么大的脾气？"很简单，你在有限的时间内要做的事情太多了。

不断地遭受挫折也是愤怒爆发的一个原因。半途中车子抛锚，越修理越不行，忍耐到达极限就会爆发，愤怒地想一脚踢到车子身上。

未能实现预期的目的是愤怒的导火索。学习时没有考出理想的成绩，工作中得不到预期中得的提升……所有这些及其他诸如此类的烦恼引起失望，一旦得不到缓解，愤怒就会爆发。

人身侮辱也容易激发愤怒。谁说话侮辱了你的父母，谁轻蔑地叫你"老土"，若感到这是在侮辱你，于是怒气便发作了。

权利受到侵犯时人们会愤怒。个人权利遭受侵犯，感到不满，愤怒就产

除了快乐，我一无所有

生了。在婚姻生活中，丈夫希望妻子这样做，妻子希望丈夫那样做，双方都不肯让步，一开始的恼火、生气最后便转化为愤怒。

虽然愤怒这种情绪紧张状态持续的时间很短暂，往往像暴风骤雨一样来得猛，去得快，但是它却有很大的杀伤力。

智者说：当一个人生气时，会有七件事情降临在他身上：虽然睡在柔软舒适的床上，依然疼痛缠身；虽然刻意装扮，依然丑陋不堪；误把善意做恶意，错把坏人当好人；做事鲁莽不听劝告，导致痛苦与伤害；失去由勤勉工作而得来的声望；失去辛苦赚来的钱，甚至误触法网；亲友形同陌路，不再同你为伍。因为一个被怒气所驾驭的人，身心及言语皆表现得不理智，从而造成令人扼腕叹息的后果。

这七种不幸使得亲者痛仇者快，是愤怒带来的杀伤力。愤怒蛰伏于人心，伺机操纵人的生活。伤害身心至深的本源，往往是无法克制的怒气。愤怒还极易破坏正常的人际关系，轻则会伤和气，重则会因控制不住自己的理智，使一些不该发生的事情发生。

理智的人一定懂得控制愤怒的道理。

一、宣泄心里的怒火

一幅漫画中一位经理模样的人正在训斥一名职员，职员无奈，便将怒气发泄在下属身上，下属很恼火，回家后居然莫名其妙地把气撒在妻子身上，妻子便把受到的委屈一股脑儿地发泄在儿子身上，打了儿子一个耳光，儿子恼怒至极，抬起脚一脚踢在小狗的身上，小狗疼得乱窜，发疯似的冲出门乱咬，结果正好咬到了恰巧从这里经过的经理！职员训斥下属，下属训斥妻子，妻子打儿子，儿子踢小狗，都是为了给自己的怒火找到一个"出口"来宣泄。

适度宣泄有助于减轻或消除精神或心理上的疲惫，把怒气发泄出来比让它积郁在心里要好得多，这样做能够使你变得更加轻松、愉快，但你在宣泄时要把握好分寸，掌握保持心理平衡的技巧。

适度的宣泄能够帮你倾吐自己内心的抑郁和苦衷，缓解紧张情绪。方法很多，找知己谈心，找心理医生咨询或通过写文章、写日记来表达情感都可。如不能奏效，干脆痛哭一场，哭也不失为宣泄情绪的一个好方法。因为消极情绪如悲伤、恐惧等等，都会使体内的肽和激素含量过高而危害健康，眼泪能帮助排泄一部分对健康有害的物质。孩子遇到了伤心事，常常一哭了事；女人遇到了困难，常常也是一哭了之；多以"男儿有泪不轻弹"自诩的成年男性，也切忌强忍悲痛，遇到了令自己愤怒的事情时，不妨大哭一场把它宣泄出来吧。

"宣泄"愤怒也是一门学问，你不妨试试下列几种方法。

如果因为某人某事而使自己生气的话，不妨用笔把这件事的发生经过全部记下来，或者写一封言辞犀利的书信，将对方痛骂一通。只是这种"信"虽然可以随意书写，但是不可以寄发出去。美国第十六任总统林肯就经常用这种方法来宣泄心中的怒气，他在外边受了别人的气，回到家里后就写出一封痛骂对方的书信。家人在第二天要为他寄发这封"信"时，他却制止了他们，原因是："写信时，我已经把气愤宣泄出来了，又何必把它寄出去呢？"

善于利用"道具"。这里所说的"道具"，是指能够被用来发泄心中怒气之物。日本有一家大公司的总裁，定做了一个与他身材同样大小的橡胶人偶，对自己有意见的职员可以对这个形态逼真的人偶尽情拳打脚踢，等宣泄够了，职员的气也就消了，心理就又恢复平衡了。

二、忍让是制怒的最佳法门

世界上很少有问题和矛盾可以通过愤怒得以解决，相反，很多人常常因为愤怒而把事情越发搞僵、搞糟了。愤怒时，极而言之，极而行之，没了回旋余地，断了退路。本来有理，也变成了没理；本来小事，结果闹成了大事，甚至一发不可收拾，事情过后又悔之晚矣。《三国演义》中的张飞怒责部下，结果被范疆、张达杀害；刘备怒气难抑，率兵亲征，又被东吴火烧连营。这样的例子多的不胜枚举。

怒气，就像具有爆炸力的炸弹一样，而和谐的生活就像一面让人感觉宁静与温馨的镜子，如果你愤怒地把一块石头投向镜子，那种极其刺耳的哗啦的破碎声是让人难以容忍的。

有这么一家人，一边吃饭一边闲话家常，不经意间谈起良心问题。女主人突然对她丈夫说出了一句："我看你爸爸就是个没有良心的人。"

丈夫无言答对，一时觉得自己失了面子，便哗啦一声把饭桌掀翻了。于是夫妻二人动起手来，孩子也跟着哭叫起来。妻子打不过丈夫，就开始砸锅摔碗，嘴里还骂着："谁也甭想吃饭啦！我看你们怎么过！"一边喊，一边摔。可是一看到自己置买的锅碗瓢盆都被砸个稀烂，又掩面号啕大哭起来。多么滑稽的一场闹剧！

固然，愤怒的时候摔碎东西、打破物品是宣泄情绪的一种方式，但你有没有想过你摔碎的不仅仅是你的财物，更是你的生活？一块石头砸在镜子上，我们顶多"刺耳"一下，但一块石头砸在心上，生活中就会永远留下"刺耳"的回音。

然而，你会因为愤怒发泄出来而变得痛快了吗？如果你的回答是"是"，那么在很大程度上你是在自欺欺人。愤怒的人们往往在平静之后会为自己的行为感到羞愧。

那些气急败坏、大发脾气的人，愤怒时，眉毛倒竖，脸色青紫，浑身打战，就好似着了魔一般，说话语无伦次，是非颠倒，惹人发笑，如果用照相机拍摄下他的形象，事后他自己看到自己的这番形象也会大吃一惊，羞愧得无地自容。

惯于发怒的人，大多是丧失了理智，感性操纵了灵魂，使自己失去了

第3章　不要让坏情绪遥控你的心　｜　065

分析、判断能力，使精神陷于混乱状态。因此制怒一定要及时。《孙子兵法·火攻篇》中指出："主不可怒而兴师，将不可愠而致战。"这虽然强调的是临敌制怒，但对现代人的生活同样颇有启发。清朝林则徐官至两广总督，一次，在处理公务时，盛怒之下把一只茶杯摔得粉碎。当他抬起头，看到自己的座右铭"制怒"二字时，才意识到自己又犯了老毛病，立即谢绝了仆人的代劳，自己动手打扫摔碎的茶杯，表示悔过。与人相处，不分是非曲直，动不动就火冒三丈，是一种远离文明的表现。易怒之人，应像林则徐那样，潜心修养，注意"制怒"，心平气和，以理服人，不可放纵心头无明之火，像火柴似的被一点小摩擦就点燃了，触物即烧。

想要做到制怒并不容易，它是一个人以理智战胜感情冲动的过程。善于制怒不仅需有"忍人所不能忍"的宽广胸怀和以大局为重的精神境界，还需要有强烈的自我控制意识。要"制怒"，首先要不断提高自己的修养，努力陶冶自己的性情，理智地扔掉"愤怒"这个"情绪炸弹"。

忍让是制怒的最佳方法。自觉地忍，理智地让，不是退缩，不是无能，不是放弃原则，而是一种策略、一种智慧、一种境界。只有心灵清澈，洞察世事，对是非、矛盾有清醒认识的人，才可能在被激怒的时候，做到真正自觉地忍，真正心平气和地面对生活、工作中的各种矛盾和挑战。具有忍的智慧，达到忍的境界，需要修炼而得，而生活本身，它的正面经验和负面教训，都能够加强人们的这种修炼。

聪明人之所以聪明，是因为他们善于运用理智，将情绪引入正确的表现轨道，使自己按理智的原则控制情绪，用理智驾驭情感。以平和的态度来摆事实、讲道理，这要比大喊大叫更能让对方心服口服；而宽恕和谅解有时比伤害、侮辱更能感动对方的心灵。只要我们肯下功夫去学习制怒的正确方法，他人肯定会发自内心地佩服我们的道德、修养以及理智、大度。那时，我们会自然而然地达到"风平而后浪静，浪静而后水清，水清而后游鱼可数"的新的境界。

自卑的土壤长不出快乐的禾苗

自卑就像一把绊脚索，阻碍着我们前进的脚步。

自卑，就是自己看不起自己，自己轻视自己。自卑心理严重的人，并不一定就是他本人具有某种缺陷或短处，而是他不能容纳自己，自惭形秽，常把自己放在一个低人一等，不被自己喜欢，进而演绎到被别人看不起的位置，并由此陷入不能自拔的境地。

自卑的人郁郁寡欢，心情低沉，常因害怕别人瞧不起自己而不愿与别人来往，只想与人疏远，他们缺少朋友，甚至内疚、自责、自罪；他们做事缺乏信心，没有自信，优柔寡断，毫无竞争意识，无法享受成功的喜悦和欢乐，因而常常感到疲劳，渐渐变得心灰意懒。

自卑者的典型心理有以下几个方面的表现。

面对问题消极看待，凡事总往坏处想。自卑者最难忘怀的便是失望和厄运。他们整天想着消极的事情，谈了又谈，算了又算，并且牢牢地铭记于心，准备以后继续谈这些事情。

多疑，对别人和自己都缺乏信心："别干这件事。恐怕这件事对你来说太吃力了，会把你搞垮的。""我一定会迷路的，再也找不到原来那个地方了。"

无法让自己高兴起来。如果你对于生活前景的看法是消极的，你就不可能快乐。对于情绪消极的自卑者来说，几乎根本没有过欢笑愉快的经历。他们把现时可能享受的欢乐也失去了，因为他们还沉浸在昨日不愉快的回忆之中，沉溺于今日唤起的痛苦之中。

总是不由自主地想去扫兴的事，一旦看到别人怀着极大的热情地去做某件事，总觉得不可思议。他们把前途看得一片黯淡，连气都透不过来，于是把所有的气氛都破坏了。失败者不管要做什么事情，总能处处碰上自己设置的牢笼，他们自己所说的话也就随时应验了。

不愿意尝试新事物，不愿意改变。总是自责和自怨自艾："出了什么事情毛病都是我被责备。""我们家的问题就是没有人为我考虑。"

希望得到他人的帮助或希望得到机会，又觉得不会碰到这样的好事："在这个城市里，不可能碰见一个好人。"

自卑者往往意志消沉，原因之一是"背负情感包袱"。他们像负重的牲畜一样，把没有解决的老问题、老矛盾背在身上，天天翻来覆去地念叨那些让他们产生烦恼的事。

人们如果长期被自卑的情绪所笼罩，就会一方面感到自己处处不如人，另一方面又害怕别人瞧不起自己，逐渐形成了敏感多疑、胆小孤僻、多愁善感等不良的个性。自卑使他们不敢主动与人交往，不敢在公共场合发言，消极地应付工作和学习，不思进取。因为自认是弱者，所以不敢努力争取成功，只是尽力逃避责任，被动地服从他人的安排。

自卑的人，总哀叹事事不如意，老拿别人的长处和自己的弱点比，越比越气馁，甚至比到自己无立足之地。有的人认为大家都欺负自己因而厌恶他人；有的人在旁人面前就面红耳赤，说不出话来；有的人遇上重要的场合就口吃结巴。因此，若对自卑感不加以控制，无法解脱，将会使人消沉，有的人会走上自杀的道路，更甚者走上邪路，坠入犯罪的深渊。

与此同时，长期被自卑感笼罩的人，自己的心理活动会失去平衡，同时，还会引起生理上的变化，最敏感的是心血管系统和消化系统，都会受到损害。反过来，生理上的变化又影响心理变化，人的自卑心理也会因此更加严重。

自卑，是一种消极心理，是个人对自己一种不恰当的认识。在自卑心理的作用下，遇到困难、挫折时往往会出现焦虑、泄气、失望、颓丧的情感反应。一个人如果做了自卑的俘虏，不仅会影响身心健康，而且无法充分发挥自己的聪明才智和创造能力，使人觉得自己难有作为，生活没有意义。所以，能否克服自卑心理是我们能否成功的关键。

虚荣叩不开快乐的大门

我们应该以平和的心态对待生活,以乐观的态度对待人生。

人有时候往往不知道自己想要的究竟是什么。买东西时,我们会根据广告和牌子来区分东西的好坏;会不由自主地模仿小资的生活模式;成年后实现童年或青少年时未完成的心愿,这些都是在潜意识的支配下发生的。而从本能上看,我们满足的不过饮食男女而已。

叔本华说:"生命是团欲望,欲望不能满足便是痛苦,满足了便是无聊,人生就在痛苦和无聊之间摇摆。"看来一个人的幸福,与他对生活的欲望大小及满足程度密切相关。

一场电影里有这样一幕:车站上有一对农民夫妇,男人强忍着自己的饥饿,把仅有的一块红薯留给他的女人吃,当寒冷袭来的时候,他们靠在一起互相取暖,让一种最真挚的爱在彼此的肌体上传送。在他们看来,这就是莫大的幸福吧。就像电影《贫嘴张大民的幸福生活》一样,虽然张大民没有什么远大的理想,没有超凡的本领,他生活的目标就是为了能过上不愁吃、不愁穿的好日子,可能他根本想不到那些富人的生活是什么样的,但是他的脸上却总是挂着幸福的笑容。

平凡人的幸福实实在在,很多人这样认为:"我的幸福就是在单位有事情可做,能多挣些钱,娶个好老婆,生个可爱的小孩。"多么简单直白的描啊!

有一对来自云南的贫穷夫妻，男的靠蹬人力三轮车载客，女人靠在街上做缝纫养活这个家。刮风下雨，他们都要出去。他路过她呆的那个地方时，总是下车，递给她一块烤红薯或者一个红苹果，两个人相视一笑，然后再各自去做各自的事情。

他们都离乡背井来到这里，对家里总是说说外面干活不累，挣钱也容易，他们给家里写信，说这个城市真漂亮，而且他们还能去麦当劳吃上一顿——其实他们从来都没有去那里吃过一顿饭。

当然，他们也理解不了这个城市里的人的话语，有一天他们看新闻，说一个单位的职工加班，吃了两天康师傅方便面，艰苦极了。他们就笑了，吃着好几块钱一碗的牛肉方便面，居然还说艰苦，他们从来都舍不得吃方便面，只是吃一点挂面，放点香油和葱花调调味道，最奢侈的是买几个鸡架，炖一锅鸡架汤喝。

来这个城市三年，从来没有吃过排骨，但他们经常写信给家里说，他们总能吃到肉。

终于，他们不用再租房子了，还生了一个小女儿，他们说，幸福的日子还长着呢，对他们来说，所有的日子都是幸福，有的时候，简简单单就是幸福。

看完这则故事，我们不禁开始思考，到底应该怎样去定义快乐？住大房子，高薪的工作，但你觉得快乐吗？你是否还常常抱怨还没有车子开，抱怨上班太忙，抱怨这个城市的空气不好，人有多势利，总之，你的抱怨总是远远多于快乐。

世界上有这样一种情绪，它并不因为人们财富的多寡、地位的高低而增减，全部的奥秘只在内心，那就是快乐；世界上有这样一种财富，它千金难求却又简单易得，任谁也无法把它从自己的身边夺走，那就是快乐。

自私毁灭心灵

罗素说过这样一句话:"我的快乐与日俱增,一部分是因为我终于成功地驱除了某些根本不可能的欲望。但更大的原因,还应归功于心灵中逐渐减少了对自我的关心。"

私心是万错之源,也是万恶之因。它使自我只求满足一己之私利,片面追求自我的名誉和地位,而置他人的利益甚至生命于不顾;它使大团体为迎合小团体成员的狭隘名利之心,而将社会整体利益抛之脑后。

自私自利的人脑子里装满了自己,容不下任何人。因此,他们不会爱别人,更不懂得为别人而付出。他们总是认为自己是这个世界的中心,外在的一切都是他自己的一部分。因而,他们不愿奉献,因为这无异于从他们身上割一块肉下来。

从前,有两位很虔诚的教徒,他们的关系很好,因此决定一起到遥远的圣山朝圣。两人背上行囊,风尘仆仆地上路,发誓不达目的绝不罢休。

两位教徒走啊走,走了半个月左右的时候,遇见一位白发苍苍的圣者。圣者看到这两位如此虔诚的教徒千里迢迢去朝圣,十分感动地告诉他们:"从这里距离圣山还要走十天,但是很遗憾,我在这十字路口就要和你们分手了,而在分手之前,我要送给你们每人一件礼物!不过你们当中一个要先许愿,他的愿望会马上实现;

而后许愿的那个人则可以得到那愿望的两倍。"

其中一个教徒心里想:"太好了,我已经想好我要许什么愿了,但如果我要是先讲的话就太吃亏了,应该让他先讲。"而另一个教徒也有怀有这样的想法:"为什么要我先讲,让他获得两倍的礼物呢。"于是,两个教徒就开始假装客气地推让起来。"你先讲!""你比我年长,你先许愿吧!""不,应该你先许愿!"两人彼此推来让去。最后都不耐烦起来,气氛一下子也变得紧张了。

"你干什么啊?""你先讲啊!""我才不先讲呢!你怎么不先讲啊?"

到最后,其中一个人气喘吁吁地大声嚷道:"喂,你真不识相、不知好歹,你再不许愿的话,我就把你的狗腿打断,再掐死你!"

另外一人见他的朋友居然换了一幅嘴脸,而且还恐吓自己,于是想,你无情就休怪我无义了,我得不到的东西,你也休想得到。于是,他干脆把心一横,狠狠地说道:"好,我先讲!我的愿望是……我的一只眼睛瞎掉!"

很快地,这位教徒的瞎掉了一只眼睛,而与此同时,他的朋友也立即瞎掉了双眼!

本来皆大欢喜的一件事,由于两人的自私把这件事酿成了悲剧。自私者企图拥有整个世界,结果却输掉了一切本应属于他的东西,反而变得更加困顿,只能自食自私造成的恶果了!

让乐观主宰自己

上天既不会给我们带来快乐,也不会给我们带来痛苦。它只会给我们一些生活的佐料,至于调出哪种味道的人生,关键在于我们自己。

人生如同一艘在大海中航行的帆船,不可避免地会遇到风暴,只有学会适应,顺其自然,才有战胜困难的可能。

想必大家都听过《淮南子》中讲述的这样一个故事:

有一位老翁住在长城边,他养了一群马,其中有一匹马忽然不见了,家人都非常伤心,邻居们也都赶来安慰他,而他却一点儿都不难过,反而对家人及邻居们说:"你们怎么知道这不是件好事呢?"惊愕之中,众人都认为老翁是因为丢失马匹而伤心过度,是在说胡话,便一笑了之。

可事隔不久,当大家渐渐把这件事情忘记的时候,老翁家丢失的那匹马竟然又自己回来了,而且还带来了一匹漂亮的马,家人喜不自禁,邻居们惊奇之余又十分羡慕,都纷纷前来道贺。而老翁却丝毫看不出一点高兴的样子,反而忧心忡忡地对众人说:"唉,谁知道这会不会是件坏事呢?"大家听了都笑了起来,谁也没有把老翁的话放在心上。

果然不出老翁所料,不久之后,老翁的儿子便在骑那匹马时摔断了腿。家人们都挺难过，邻居也前来看望，唯有老翁显得不以为然。而且还似乎有点得意之色，众人很是不解，问他何故，老翁却笑着答道："谁又知道这就不是件好事呢？"众人对老翁的这番话感到困惑不解。

又没过多久，战争爆发，所有的青壮年都被强行征集入伍，战争相当残酷，前去当兵的乡亲，十有八九都在战争中送了命，老翁的儿子却因为在骑马时摔断了腿而未被征用，因此幸免于难，最后一家人相依为命，平安、幸福地生活在一起。

这就是"塞翁失马，焉知非福"的典故。老翁的高明之处便在于明白"祸兮福所倚，福兮祸所伏"的道理，他对任何事情都能想得开、看得透，任何事情做到了顺其自然，生活就能够安稳、快乐。

小和尚看禅院的草地上一片枯黄，就对师父说："师父，快撒点草籽吧！这草地真难看。"

师父说："不着急，什么时候有时间了，我去买一些草籽。草籽什么时候都能撒，着什么急呢？随时！"

中秋的时候，师父买回来了草籽，交给小和尚，对他说："去吧，把草籽撒在地上。"可是这个时候却起风了，小和尚一边撒，草籽就随着风一边飘走了。

"哎呀，许多草籽都被风吹走了！"

师父说："没关系，吹走的草籽多半是空的，就算撒下去也发不了芽。担什么心呢？随性！"

草籽撒好了之后，许多麻雀飞来，在地上专挑饱满的草籽吃。小和尚看见了，惊慌地说："不好，小鸟把草籽都吃光了！这下完了，明年这片地就长不出来小草了。"

师父说:"没关系,小鸟吃不完这么多草籽,你就放心吧,明年这里一定会长满小草的!"

夜里下起了大雨,小和尚因为暗暗担心草籽被冲走,一直无法入眠。第二天早上,他早早跑出了禅房,果然地上的草籽都不见了。于是他马上跑进师父的禅房说:"师父,昨晚一场大雨冲走了地上的草籽,这可怎么办呀?"

师父不慌不忙地说:"不用着急,草籽在任何地方都能够发芽。随缘!"

不久之后,果然有许多翠绿的草苗破土而出,原来没有撒到草籽的一些角落里居然也长出了许多翠绿的小苗。

小和尚高兴地对师父说:"太好了,师父,我种的草长出来了!"

师父点点头说:"随喜!"

禅院的师父凡事顺其自然,不刻意强求,反倒更能体会到人生快乐的真谛。在现实生活中,人们为了追求完美,总是绞尽脑汁,殚精竭虑,每当遇关系重大、情形复杂的状况时,更是很容易就为之寝食难安。其实,当某些事情让我们百般思量都理不出头绪,找不到办法的时候,不如顺其自然,或许会出现"柳暗花明又一村"的景象。

当然,顺其自然并不意味着随波逐流,不是无所作为,也不是所谓的"宿命论",而是在遵守自然规律的前提下积极探索,在弄明白自己的人生方向后踏实地实现自己的目标,是让一切事物都按自己的规律发展。我们只管做好自己应该做的事情,只管走属于自己的路。不悲观失望,不羡慕旁人,不叹息、不抱怨,不堕落,胜不骄,败不馁,以一种平和的心态来对待自己的工作和生活。不奢望太多,也不事事失望,让自己的生活既充满信心又精彩纷呈。

罗曼·罗兰曾经说过这样一句话:"一个人如能让自己经常维持像孩子一般纯洁的心灵,用乐观的心情做事,用善良的心肠待人,光明坦白,他的人生一定比别人快乐得多。"乐观是一种最为积极的性格因素。就是指在任何情况下,即使情况再糟糕也保持良好的心态,也相信坏事情总会过去,相信风雨之后总有彩虹的心境。

同一轮明月,泪眼蒙眬的柳永形容它为:"杨柳岸,晓风残月,此去经年,应是良辰美景虚设。"而到了潇洒飘逸、意气风发的苏轼那里,就变成了:"但愿人长久,千里共婵娟。"在不同心态的人的眼里,同一轮明月也有所不同,人生也是一样的道理。

有位第三次进京赶考的秀才,住在一个之前常住的店里。考试前两天他做了三个梦:第一个梦是梦到自己在墙上种白菜,第二个梦是下雨天,他撑着伞还戴了斗笠,第三个梦是梦到跟心爱的表妹躺在一起,但是背靠着背。临考之际做此梦,似乎有些深意,于是第二天,秀才去找算命的为他解梦。

算命的听到这番话,拍着大腿说:"你还是回家吧。你想,在墙上种菜不是白费劲吗?戴斗笠又撑雨伞不是多此一举吗?跟表妹躺在一张床上,却背靠背,不是没戏吗?"秀才一听,觉得算命的说的很有道理,瞬间心灰意冷,回店收拾包裹准备回家。

店老板感到很奇怪,问秀才:"明天不是才考试吗?怎么今天就打道回府了?"秀才如此这般说了一番,店老板乐了:"哎,我也会解梦。我倒觉得,你这次一定能考中。你想想,在墙上种菜不是高中榜首之意吗?戴斗笠又撑伞不是有双重保障、万无一失吗?跟你表妹背靠背躺在床上,不是说明自己就要到了翻身的时候了吗?"秀才一听,觉得店老板的话更有道理,于是信心满满地参加考试,最后居然考取了探花。

这个故事告诉我们，任何事情都是具有两面性的，多从积极乐观的角度去思考，即使不一定会有好的结局，但也能让自己多一些快乐，少一些烦恼。

生活像一面镜子一样，你对它笑，它就会对你笑脸相迎；你对它哭，它也会对你哭。面对问题时的不同心态，决定了不同的人生结局。

悲观主义者说："人活着，就要受苦，就有问题；有了问题，就有可能陷入不幸。"即使遇到一点小小的挫折，他们也会千种愁绪，万般痛苦，认为自己是天下最苦命的人。悲观主义者用不幸、痛苦、悲伤做成一间屋子，然后自己钻进了这间屋子，并对外界大声喊："我是最不幸的人。"

乐观主义者说："人一定要充满希望地活着；有了希望就能获得幸福。"他们能从平淡无奇的生活中品尝到甘甜，因而快乐就像一股清泉，时刻滋润着他们的心田。

任何事物本身其实都没有快乐和痛苦之分，快乐和痛苦是我们对事物的感受，是我们赋予事物的特征。同一件事情，从不同角度去看待，就会获得不同的感受。一个人快乐与否，他处于何种境地并不重要，关键在于他是否持有一颗乐观的心。

《三国演义》里有"骂死王朗""三气周瑜"的故事，现实生活中也有人被气病、气死的事。每个人都知道生气对身体的危害，但当自己处在这个情境里时，却总是控制不住自己。生气是一种不良情绪，像一种心理上的病毒，能够使人低沉阴郁，终日闷闷不乐，更有可能导致重病缠身，一蹶不振，进而破坏人与人之间的关系，阻碍情感交流，导致内疚与沮丧。生气不仅会损伤大脑，还会损伤精神，所以说，生气是百病之源。甚至还有一些人会因一时发怒而失去了自己宝贵的生命，实在是令人扼腕叹息。

小波利亚是非欧几何的创立者，他就是因为一时生气而最终丧命，成为了一颗过早陨落的新星。

1831年6月，小波利亚把自己的论文《绝对空间的科学》寄给著名的数学家高斯，想征求他的意见，但论文不幸在途中遗失。于是他于1832年1月再寄去一份，高斯看到信和附录后非常惊讶。同年2月14日，高斯给老波利亚回信说：小波利亚具有"极高的天才"，但却又说自己不能称赞这篇论文，因为"称赞该文等于称赞我自己，因为这一研究的所有内容，你儿子所采用的方法和研究出的部分结果几乎和我在30至35年前已开始的个人沉思全部相符合"，并表示"关于我自己的著作，虽然只是写好了一小部分，但我的目标本来是终究不愿意发表的"，因为"大多数人对那里所讨论的问题抱着不正确的态度"，所以"怕引起某些人的喊声"，"现在，可以通过老朋友的儿子把它发表出来，避免它同我一起被湮没，那是我再高兴不过的了"。

但是，让这位天才做梦也想不到的是，德高望重的数学大师竟然为了一己私欲而把自己的论文束之高阁，并且"引用"了其中的一些理论原则。小波利亚悲愤交加、痛心疾首、郁郁寡欢。这件事严重损害了他的身心健康，阻碍了他进一步研究的精力与欲望。当1848年他看到俄国数学家罗巴切夫斯，基于1840年用德文写的载有非欧几何成果的小册子《关于平行线理论的几何研究》之后，他更加恼怒，怀疑所有人都在与他作对，他发誓抛弃一切数学研究，决定不再发表任何数学论文。在挫折、悲愤、贫困之中，小波利亚于1860年1月27日因肺炎悄然辞世，一颗新星就这样过早地陨落了！

因此，及时转移自己的不良情绪是很重要的，生气最忌讳的是压抑与强化，而小波利亚恰恰犯了这个错误。怒气的强化与压抑会"波及无辜"，引起身心各方面的并发症，小波利亚的悲剧为我们敲响了警钟。

日常生活中，不可能事事顺心，总会有不尽如人意的地方，人也因此免不了会生气。但是如果经常生气发脾气的话，最终受到惩罚的就是自己，而不是他人。

一位胸襟宽广的智者从不生气。一位路人千方百计想激怒这位智者，但均未奏效，于是他气急败坏地质问智者："你为什么不生气？难道你不是人吗？"他竟然开始污蔑智者做人的资格，但智者的笑意却浮上脸庞，耐心地回答："如果你不想要别人给你的礼物，把它退回去，结果会怎么样？"

这位路人，他原本想要激怒智者，结果却把自己惹恼了。他在情急之下不把智者当人，也等于放弃了自己做人的资格。生气是拿别人的错误惩罚自己。在职场中，这样惩罚自己的人屡见不鲜：下级犯了错误，上级很生气，脾气火暴，声色俱厉，最终受伤的是自己；上级作风官僚，下级很生气，烦闷憋屈，愤愤不平，最终受伤的是自己；同事之间磕磕碰碰，惹人生气，怒火中烧，互相攻击，最终受伤的还是自己。错误应该受到惩罚，但没必要通过生气来实现，既然错误在他，为何生气的人是你？别人犯了错，而自己去生气，不等于说是拿别人的错误来惩罚自己吗？

生活中有非常多的琐事，许多事并无绝对的对错之分，你若一时想不通，不妨换个角度去思考，或许就能够豁然开朗。正所谓："忍一时风平浪静，退一步海阔天空。"只要能真正认识到这一点，就能随时保持良好的心态，"不以物喜，不以己悲"，时时处处让好的心情陪伴，生活就能变得更加绚丽多姿。

很多事情通常是由于人为地给自己心灵加压造成的。对别人所说的每句话都要细细琢磨，对自己的得失耿耿于怀，对别人的过错更是加倍抱怨。太在意领导的一句批评，太在意爱人的一次赌气，太在意孩子的一句无心之语……细细想来，这些人实在有点小心眼，太在意身边那些琐事了。其实，许多人的烦恼，并非由多么大的事情引起的，而恰恰是因为过于在意、计较身边的一些琐事。用这种狭隘、幼稚的认知方式，为自己营造出心灵监狱，可谓自寻烦恼。不仅使自己活得累，同时也使周围的人感到无奈。而且，人生一旦养成了这种过于在意与过分计较的毛病，太在意小事，久而久之，许多小的烦恼也会慢慢变成大的烦恼，得不偿失。

古代的智者在这个问题上早已经有了清醒而深刻的认识。法国作家莫鲁瓦更是明确而深刻地指出："我们常常为一些应当迅速忘掉的微不足道的小事所干扰而失去理智，我们活在这个世界上只有几十个年头，然而我们却经常为一些无聊的琐事而白白浪费了许多宝贵时光。"甚至在两千多年以前，古雅典的政治家伯里克利就向人们发出振聋发聩的警告："需要注意啊，先生们，我们过多地纠缠小事了！"

人的精力不是无限的，假如我们一直为一件琐事所纠缠，被小事所牵累，一生必将一事无成。一个不计较小事、遇事不在意的人，是超越自我的人，是能成功的人。没有了琐事的羁绊，就能解放自己的身心，就能够活得潇洒。

学会不在意，就是不能把一切事情看得太重，遇到小事不钻牛角尖；别事事较真、小心眼；别把那些鸡毛蒜皮的小事全都放在心上；别过于看重名与利；别那么多的疑虑敏感，曲解别人的意思；别夸大事实，制造假想敌；同时也不要像林黛玉那样总是一副自怨自艾、孤芳自赏的样子。

学会不在意，不仅要避免主动地制造一些烦恼的信息来刺激自己，还要在面对一些真正的负面信息的时候，也能努力做到处之泰然，不屑一顾，置若罔闻，真正达到"身稳如山岳，心静似止水。任凭风浪起，稳坐钓鱼台"的境地。

"不在意"不仅能够巧妙地让自己保持快乐的心情，同时也是坚守目标、排除干扰的一种良策。"不在意"是一种人格修养的体现，是人生的一种大智慧。

第4章
平平淡淡才是真

现在很流行的一个说法是：人不能让自己活得太累。这话的意思就是告诫人们：要自寻乐趣，而不要自寻烦恼，活得自在一些。其实，最有意义的追求是平平淡淡，如果能够达到这一境界，必能领会到快乐的真谛。

知足是一种心态

人之所以不快乐，就是因为想要得到的东西太多，到最后也许什么也得不到，甚至可能付出更大的代价。

俗话说："知足者常乐。"所谓知足，即不和别人攀比，就是对自己现有的生活或者状态能够感到满足，时刻保持一种平和的心态。知足能让你很平静地面对生活中的成功与失败，知足是一种适可而止的精神，是一种乐观豁达的心态，是一种恬静淡然的处世态度，是一种与世无争的高贵品质。知足者能够在纷繁复杂的社会里找准自己的位置，并享受着那份快乐。所以，知足者常乐。拥有一颗知足之心的人，才能真正拥有快乐。

如今人能达到这种境界的越来越少，在社会的一片喧嚣中，生活节奏越来越快，人总是很难享受到快乐，因为总是有无止境的欲望。人们为了追逐名利，四处奔跑，日夜烦恼，东西南北团团转，到最后期望的快乐没有如期而至，反而让自己沦为了欲望的奴隶。欲望就像是一碗致命的毒酒，喝下它的人将无药可救。

人们总是有无穷的欲望，在一个欲望得到满足后，便会产生另一个更大的欲望，然后用尽自己的全力去追逐。当人们面临找工作的问题时，刚开始想的是能解决温饱问题就行了，随着自己工作经验的日积月累，又想到如何才能让老板为自己加薪、如何才能升职、如何才能出人头地，太多的人都是这山望着那山高，对自己的现状永远不满足，烦恼也就随之产生了。著名作家刘墉把贪婪的本质借用坐火车的现象表现了出来：火车车厢内拥挤不堪，无立足之地的人会想，我要是能有一块站的地方就好了；有立足之地的人会想，我要是能有一个座位就好了；有座位的人会想，我要是能有一个卧铺就好了；就连有卧铺的人都会想，我要能睡一个独立的包间就好了。生活中的一些人和这车上的乘客一样，总是对自己所拥有的永远都不满足，所以他们也就感觉不到快乐。

  其实越想得到，就越容易失去。我们每个人从出生的那一刻起，就注定了会和一些东西失之交臂，事业上的不顺心，感情上的不如意，总是会让我们花费更多的精力来寻求平衡。但一个人的能力是有限的，我们不可能得到所有的东西，所以不必奢求那些得不到的东西或办不到的事情，如果过于执着地追求，只能给自己徒增烦恼。得到和失去仅有一念之差，心态才最重要。所以，每个人都要学会知足，很多的快乐都建立在"知足"这两个字之上，如果你一辈子都在不停地完成自己一个又一个目标，却没有一丝一毫的幸福可言，这样的人生是毫无意义的。

控制欲望，简化自己的人生

我们要简化自己的人生，有所取舍，要学会经常审视自己，勇敢地放弃掉自己生活中和内心里的一些东西。

我们想要在人生中有所斩获，就不能让诱惑自己的东西太杂、太多，心灵里累积的烦恼太杂乱，努力的方向就难以明确。

东方有一座寺庙，寺庙的住持是索提那克法师。有一天，寺院里来了一位气宇不凡的施主，他向索提那克请教怎样消除自己心中的欲望。让他想不到的是，法师竟然让他来修剪已经修剪成型的灌木，并且将灌木修剪成鸟的形状。当他不费吹灰之力将灌木修剪好后，法师每隔9天又约他来修剪一次。当施主将灌木修剪成了一只初具规模的鸟时，法师问他是否掌握了消除欲望的良方。但施主仍然没能明白法师的用意。他只是说每次修剪之时，他会心神气定，心无牵挂。然而一旦回到日常生活中，欲望依旧会像原来一样冒出来。当鸟修剪得完全成型的时候，法师又问了施主同样的问题，而他的回答依然如故。这时索提那克法师语重心长地对施主说："施主，你知道为什么我当初建议你去修剪树木吗？我只是希望你每次修剪前，都能发现，原来剪去的部分，还会重新长出来。这就像我们的欲望，不可能完全消除。我们能做的，就是尽力把它修剪得更美观。如果任凭欲望肆意生长，它就会像这满坡疯长的灌木，丑恶不堪。但是，经常修剪，就能成为一道悦目的风景。对于名利，只要取之有道，用之有道，利己惠人，就不会成为心灵的枷锁。"这时，施主恍然大悟。

现实的纷繁复杂导致人生的烦恼不断。只要坦然面对红尘中的名利是非，淡看世间的尔虞我诈，哪怕再复杂的事物也能够变得简单，再困难的问题也能够迎刃而解。

当年法国人从莫斯科撤军之后，一位农夫和一位商人在街上四处寻觅，希望能够找到一些有价值的财物。经过苦苦寻找他们发现了一大堆未被烧焦的羊毛，于是两人一分为二，各分一半捆在自己的背上。在返程的路上，他们又发现了一些布匹，农夫扔掉了身上沉重的羊毛，选了一些自己可以扛得动的优质布匹；而贪婪的商人舍不得丢弃农夫扔下的布匹，将农夫所丢下的羊毛和剩余的布匹全部捡起来，尽管沉重的负担让他行动迟缓，举步维艰，但是他仍然舍不得扔弃背上价值便宜的东西。不久之后，他们又在路上发现了一些银质的餐具，农夫扔掉了布匹，捡了些较好的银器背上，商人尽管看着眼馋，却因沉重的羊毛和布匹实在太重压得他无法弯腰而作罢。随后天公不作美，大雨倾盆而至，饥寒交迫的商人身上的羊毛和布匹被雨水淋湿了，他自己也在泥泞中踉跄着摔倒；而农夫却一身轻松地回家了。他把捡到的银餐具全部变卖，收入了很大一笔钱，生活也因此富足起来。

一个人可以为了自己的目标而不断奋斗，但是他追求的目标要量力而行、适可而止，要择精而担，一旦有朝一日成为难以摆脱的包袱，那他就会整日被功名利禄所羁绊，难以自拔。所以只有简化自己的人生，才能够扔掉沉重的包袱，体会世间的温暖，享受快乐的生活。

浇灭贪婪欲望，顺从自然的本心

一个人不应将功名利禄看得过重，凡事以一颗淡然之心看待，就不会重蹈覆辙。

人的基本需求的层次其实是很低的，但人的欲望却是无限膨胀的！对于自己的需求人应该学会知足，而对于自己无限膨胀的欲望，应尽可能地抑制，顺从自然的本心，才能够活得快乐。

从前一个国家有一位富可敌国的富翁，她的女儿有一只心爱的宠物狗，可是有一天，女儿发现自己心爱的宠物狗丢了。她赶紧把这不幸的消息告诉富翁，让富翁赶紧帮她找回那只狗。于是富翁赶紧然让画师画出宠物狗的画像，然后到处张贴并贴出告示：如果有人捡到狗，请速送回。拾到者，将会得到一千金的酬谢。

告示发布没有多久，来送狗的人就络绎不绝了。让女儿失望的是那些狗都不是她所丢失的狗。后来女儿觉得是不是捡到狗的人嫌奖励的钱少，不愿意将狗送回。她把自己的想法告诉了富翁，富翁决定把赏银的钱数由原先的一千金提高到两千金。

事实上，捡到富翁家的宠物狗的人是一位乞丐。当他正准备将狗送还给富翁女儿的时候，他发现赏银竟然涨到两千金了。于是他心想，如果先把狗藏起来，等再过几天再把狗还给公主，说不定赏银还要涨。于是他把狗先藏到了一个洞里面。果然不出乞丐所料，几天之后，赏银涨到了五千金。

乞丐在接下来的几天时间，每天都会去看墙上的告示。他希望赏银一直涨，等涨到他满意的程度的时候，他再把狗送给公主。可是当他准备把狗带过去领赏的时候，他发现狗竟然被饿死了。原来这只宠物狗原来吃的都是昂贵的东西，而乞丐喂它的东西它根本不吃。乞丐最终没有得到一分钱。

故事中的乞丐是一个贪婪的人，他希望赏银一直涨，可是最后他一分钱也没有拿到，空欢喜一场。如果他懂得知足，就不会有这样的结局与下场。一个人心中的贪欲是无底洞，深不可填。人们很多宝贵的东西都会掉进这个无底洞之中。

托尔斯泰是俄国著名作家，他曾经写过这样一个故事：

有一位早出晚归、日夜操劳的农夫，尽管他一直在不懈努力，但生活并不尽如人意，他的家庭依然过着贫穷的日子。他的遭遇被一个天使知道后，天使十分同情农夫的遭遇，于是他便告诉农夫只要他能不停地跑，他就可以拥有他跑过的土地。

农夫听后喜出望外，于是兴奋地地夜以继日地跑。每当累了准备休息的时候，一想到自己的妻子儿女，为了他们，农夫又紧接着继续拼命奔跑。

他跑了不知道有多远，有人提醒他，他得到的已经足够他这辈子用了，还是赶紧往回跑吧。但是别人的良言相劝，农夫根本听不进去，仍然继续往前跑。最后这位农夫因劳累过度心衰力竭，倒地而亡。贪婪的农夫光想得到更多的土地，却搭上了自己的性命，实在得不偿失。

现实生活中，也不乏像老农那样十分贪婪的人。他们经常占别人的小便宜，有时他们甚至还自以为是地耍小聪明。有这样一句名言："贪婪可以撕裂信仰的肌肉，麻痹感知的悟性。它怀疑未来的前景，而只看中眼前的实惠。"人的贪欲是无止境的，它一旦决堤，就有如洪水猛兽般地将人吞并。

在陕北榆林城内，有一位远近闻名的小炉匠，他姓梁。因为他手艺精湛，不论是开锁修眼镜，还是补锅摇大瓮，他做起来都得心应手，游刃有余。哪怕是薄得像纸一样的景德镇瓷器裂了缝儿，他也可以在上边锔几个锔子，锔得严实而好看，看上去像艺术品一样。梁师傅凭借这样的手艺，自己的小日子过得很踏实、很平静。

一天晚上，一个蒙古人来找梁师傅，说自己想打一把铜勺子，同时，那人还交代了所要铜勺的大小，他拿出一块材料，交给梁师傅。梁师傅用手掂了掂，觉得蛮重的，告诉蒙古人两天后来取勺子，就这样，这笔生意就成交了。等蒙古人走后，梁师傅仔细地看了看这块暗黄色的材料，不禁大吃一惊，原来这不是铜，而是一块刚出土的金子。

他的心灵被贪婪的欲望占所据，梁师傅决定把这块金子吞为己有。他另找了一块上好的铜料，精心地打了一把勺子，第二天交给了那位蒙古人。在交货的时候，梁师傅似乎是随便地但实际是刻意地问蒙古人，那块"材料"是从哪里得到的。蒙古人说是在沙漠里捡来的，大体上在伊克昭盟中部、乌审旗以北的毛乌素沙漠里捡的。梁师傅觉得不便多问，就打发蒙古人走了。蒙古人走后，梁师傅再也按捺不住内心的激动，决心要到蒙古人告诉他的那块地方"淘金"。那时候，榆林到乌审旗有200多里，当时还没有公路，全要步行。梁师博往返跋涉几次，毫无收获，只是在沙漠深处发现了些不知是什么年代的箭头。也就是这些"箭头"，使他猜想到这里古时候一定曾经是战场，一定还会在这里找到金子。那年十月，梁师傅带着干粮，又一次独自步行去了沙漠深处，没料到在茫茫的沙漠里遇上了沙尘暴。没有亲身经历过在沙漠里遇到沙尘暴的人，不可能想象那虽然是正午却伸手不见五指的奇观。可怜的梁师傅，倒在了那无情的沙尘暴中，加上又骤然天降大雪大雪、气温骤降，梁师傅就这样被冻死在毛乌素沙漠里。

如果梁师傅诚实守信，没有吞掉那位蒙古人金子的私心，心里自然会十分宁静，精神上自然十分快乐，过着幸福的日子。再退一步说，如果梁师傅在得到了金子之后，没有妄图想要得到更多的金子，他也不会走上不归路。总之，都是他的贪婪导致了这一切的发生。

只有浇灭心中贪婪的欲火，一个人才会正视现实，实事求是。一旦被贪婪所迷惑，一个人就会钻到金钱名利的窟窿里，难以自拔。贪婪的代价是惨重的，它会让人失去理智，为一己私利而做出丧尽天良、违法乱纪的事情来。纵观那些深陷牢狱的囚犯们，都是因为贪欲才导致他们丧失了人身自由。他们不是为了晋升官爵而收受钱财，贪污腐败，就是为了逃避责任而杀害他人，他们的罪行天理难容。他们今天的下场都是心中的贪欲使然。如果他们悔不当初，浇灭心中的贪婪欲火，就不会有今天银铛入狱的下场。

有一户人家从农村来到城里打工，男人做的是城里人都不愿做的清洁工，每天拖着车往垃圾站转运垃圾。女人刚来时怀有身孕，生了孩子后，就出去给人擦皮鞋。他们租住的房子是一户人家在围墙边临时搭建的简易房，房子小到只能放下一张双人床，他们的家具都是捡的别人不要的，根本就放不进房间里面，只能放在屋外。他们连吃饭的饭桌也没有，有了也没地方放，只能在屋外吃饭，有时将菜碗放在板凳上，有时干脆直接将炒菜的锅当菜碗用，直接端着锅吃。

他们属于城市里的边缘人，可是看上去他们没有一点儿愁苦的感觉。他们住在一个宿舍大院的大门口，经常人来人往，那男的每天哼着小曲，忙进忙出，跟来来往往的人们打着招呼，而且特别热心，有求必应，也特别快乐，一脸满足的神情。

和那些腰缠万贯的人比起来，这对夫妻可以说是一贫如洗，可他们的快乐却比腰缠万贯缺愁容满面的人多了许多。这是什么原因呢？

其实人的需求远远低于人的欲望。房子再多、再大，你也只能在一间屋子里的一张床上睡觉；即便是世界上所有的山珍海味都摆在面前，你也只能吃下自己胃能装得下的东西；衣柜里挂满了各式各样的高档名牌时装，你的身上也只能穿一套；鞋子有无数双，你也只能穿一双在脚上；汽车有无数辆，你也只能开着一辆在街上跑……

可是，人们对于物质享受的那种无穷尽欲望的追求，有时却使财富变成人们的一种累赘。有了大房子还想买更大的，屋子装修了一遍又一遍，小汽车换了一辆又一辆，家具换了一套又一套，家用电器更新了一代又一代。只是因为有钱，而不是出于别的目的，只是希望那些身外之物看上去更豪华、更气派、更有档次。

毋庸置疑，每个人都有选择自己生活方式的权利。但如果你那无限膨胀的对财富的欲望，影响了你的健康、你的婚姻、你的家庭、你的快乐，让你整天为此疲于奔命，让你寝食难安，带给你无限的烦恼。更有甚者将这种欲望变成了一种无法满足的贪欲，导致自己走上了犯罪道路，毁掉了自己的一生。人们如果采用这种生活方式就得不偿失了！

有句著名的格言："一念之欲不能制，而祸流于滔天。"世界其实很简单，钱本无善恶，钱能买到房子，但买不到家；钱能买到药品，但买不到健康；能买到床，但不能买到睡眠——钱不是万能的！人生必不可少的东西其实非常少，也很便宜。认识清楚了这一点，我们就可以活得从容一些，不那么忙碌，不那么心浮气躁。因为不管社会如何快速地发展，物价如何飞速地上涨，只要你具备一颗平常心，顺从自然的本心，追求一种平常生活，很容易就能做到快快乐乐地生活，一生衣食无忧。

有这样一则寓言：有一个老人在自家的门口立了一个牌子，上面写着"本人愿意将自己唯一的一间房子送给他人，有需要的人，请来领取。"

消息在几天之内不胫而走。一天一位富翁路过老人家，他看到这个牌子，便走进了老人家。他对老人讲："老人家，您好。我最合适领取这间房子了。虽然我现在应有尽有，但是缺乏恬静的生活。你的房子附近有群山环绕，出门便有绿水环绕，周围的环境实在让人陶醉。这正是我理想中的世外桃源。"

老人听后，看了看这个人，说道："人要知足，你现在一无所缺，但是你缺少一颗知足的心。你已经有容身之所了，你还要这间房子做什么呢？这间房子应该属于懂得知足的人。"

人们往往觉得自己的欲望永远得不到满足，而正是由于不知足，成为人们活得不快乐的根源。一个人要知足，并不是说不思进取、安于现状，也不是讲以穷为乐，安贫乐道。知足贵在一个人能够将名利置之度外，凡事以诚待人。只有这样，一个人才能真正体会到人间的温情，才会实现生命的价值与意义。

《逍遥游》中这样写道："鹪鹩巢于深林，不过一枝；偃鼠饮河，不过满腹。"这就是讲，鹪鹩在深林中筑巢，仅仅占据一棵树枝就足够了；鼹鼠在大河里饮水，喝满一肚皮也就满足了。成语"鼹鼠饮河"便出自于这里，其意在告诫那些欲望十足的人们，贪多无益，只要自己的需要能够得到满足就可以了。一个将名缰利锁看得太重的人，眼中只有功名利禄，他会变得麻木不仁，唯利是图，尽管他拥有富足的物质生活，但是他的精神世界是空白无聊的，他不会拥有快乐的人生。

喧嚣的都市，熙熙攘攘的行人络绎不绝。为了追求永远挣不完的物质财富，人们甘愿沦为身外之物所奴役。只是他们都忘了，世界如此之大，这小小的一双手怎能抓住太多的东西。弱水三千，只取一瓢。唯有知足才会快乐，不知足的人只会为自己徒增烦恼，这是理所当然的道理。人生最美好的回忆莫过于回眸那一甜美的时刻。当一个人回头看看，宇宙之间日落月升，生死轮回，是天经地义的事情。茫茫宇宙，浩瀚乾坤，天地之大，烦恼甚多。"非淡泊无以明志，非宁静无以致远"。如果一个人杞人忧天，庸人自扰，一味追求难以得到的东西，结果只能是徒增烦恼，耗费心思。即使自己一无所有，哪怕自己垂钓一方水，独守一片林，晨曦时刻可以听到百鸟的歌唱，夜幕降临可以看到夕阳西下，这才是真实的人间仙境，人生如此亦足矣，别无他求。

平淡的日子，不平淡的感觉

　　生命只有一次，时间无比宝贵，再高的价钱也买不到生命和时间。

　　我们时常抱怨每天的生活平淡无味，其实，生活原本就不是波澜起伏的。因为任何人的生活都有一个常规，而这个常规就意味着每天要过同样的生活，平淡无奇的生活。有高潮也有曲折，但更多的还是平静。

　　为什么同样是平淡无味的生活，有的人就能过得有滋有味、幸福快乐、很有意思；有的人就过得寡淡不已、愁思满面、缺乏乐趣呢？除了由于诸多客观因素的影响而有所不同外，从根本上说是由于各人所持有的心态不同。人间的不幸和悲剧除了战争、灾难和犯罪之外，主要是由什么因素造成的呢？不正是由不良的情绪和陈腐的观念导致的吗？不妨想一想，你所认识的那些感到幸福和自由的人们，他们似乎在任何地方都能找到快乐，又有什么奥秘呢？

　　我们可以通过一个小游戏揭开这个奥秘。你口袋里有一枚一角的硬币，一般你不会珍惜，丢失了也不会在乎。但是，当它滚落到某个角落里或者地沟里，你花了一番力气终于找到它时，它就变得比原先宝贵了。这就是快乐的奥秘之所在。快乐是事情的结果和个人所选择、期望的目标相符合的结果。目标越重要，实现它的困难就越大，一旦达到目的，如愿以偿，就能体验到越浓烈的快乐感。

　　有追求才有兴趣，有选择才有目标，有付出才有收获。除此之外，你说生活还有什么意义可言？

没有钱，生活会变得更加没有意思。如果说有了钱就有意思，这意思就在于为了挣钱而付出了辛苦。如果一个人终日无所事事，养尊处优，他也同样会感到生活是枯燥而乏味的。

没有下过海的人会羡慕那下海的弄潮儿活得有意思。可是已经在商海里扑腾了几回，发现挣钱很难的人又会说，海上风光如海市蜃楼，可望而不可即！

所以，问题的关键不在于生活本身是否平淡、是否有意思，而在于你以什么样的心态、意识去感受，在于你是否有选择的兴趣和追求的信心。平淡的日子，你可以有不平淡的感觉；没有意思的事情，你可以发掘它有意思的一面。

你觉得日子平淡，事情不如意，或者什么事情自己没有做好，这有多大的关系？抓住现在，重新开始！小孩子搭积木，喜欢推倒重来。我们也要勇于探索，多几次新的尝试，正视生活中的一切。现实不可改变，那就接受；接受下来，再去寻求改变的可能。没有解决不了的难题，你仔细地想想，是不是这个道理？

幸福的最美诠释

人要知足，要善于感觉自己拥有的幸福。

幸福无处不在，可是有的人始终难以寻找到幸福。实际上他们所缺少的是发现幸福的心。一个人如果一直拥有某个东西，可能不会特别珍惜。但是一旦失去，便会觉得心情低落、暗淡，因此失而复得的喜悦便成为一种莫大的幸福。

一天晚上，明明和朋友到火锅店去吃火锅，因为走得匆忙把手机忘在了火锅店。一个小时之后才发现手机不在了。抱着试试看的想法，他用朋友的手机拨打自己的手机，没人接听；第二次拨通，手机那边居然传来老爸熟悉的声音。询问了情况之后才知道是服务员收拾餐桌时捡到的，在找不到明明的情况下，服务员通过手机通讯录和小李的父亲取得了联系。

在这一刻，明明感觉到自己是幸福的。无论是一件物品还是一份感情，无论他在你的生命中是否重要，都需要加倍呵护。

从前，有个腰缠万贯的财主，总是觉得自己不够幸福。于是这个财主问一个哲人："你这么聪明，能不能告诉我在哪儿可以买到最大的幸福吗？"

第4章　平平淡淡才是真

"你为什么要买幸福呢？"哲人问道。

财主说："因为我虽然很有钱，但是却感受不到幸福，我这一生从未经历过最大的幸福，如果有人能让我体验一次，哪怕只有一瞬间，我都愿意把全部的财产送给他。"

哲人说："我这里就有幸福的秘方，但是价格很昂贵，我能看看你准备了多少钱来交换这个秘方吗？"

财主把装满宝石的锦囊拿给哲人，没有想到哲人一把抓住锦囊，看也不看，眨眼间就跑掉了。

哲人的举动惊到了财主，过了好一会儿才回过神来，大喊："来人呀！抢劫啦！有人抢钱啦"可是没有一个人理会他，他只好自己拼命地追赶哲人。

财主跑得满头大汗，跑了很远的路，也没发现哲人的踪影，他绝望地跪倒在山崖边的灌木旁痛哭，没有想到花了几年的时间，费尽千辛万苦，不但没有买到幸福的秘方，还被抢走了大部分的钱财。

财主哭到声嘶力竭，正要起身离开，突然发现被抢走的锦囊就在不远处的灌木丛中。他走过去，拿起锦囊，发现宝石都还在，一瞬间，一股无法言表的极大的幸福感充满他的全身。

正当他在最大的幸福中自我陶醉的时候，躲在不远处的哲人走了出来，问他："你刚才说，如果有人能让你体验一次最大的幸福，即使只是一刹那，你愿意把所有的财产送给他，这话是真的吗？"

"是真的！"

哲人又问："你刚刚拿回锦囊时，是不是体验到最大的幸福了呢？"

财主说："是呀！我刚刚体验了最大的幸福。"

拥有财富却不快乐，一旦失而复得才能够真正体会到巨大的快乐。

并不是每个人都有机会感受到失去后再次得到的幸福，与其说这种幸福来自于老天的眷顾，倒不如说这是一种心灵缺失后的深刻修补。那些失去之前我们从未顾及、甚至只当是身体一部分的内容就是在你我的视而不见中孤独走远的。既然幸福失而复得，就请坚守它吧。

　　失而复得可以说是最大的幸福了。许多人身在福中不知福，一味地自寻烦恼，直到吃尽了苦头，方才体味到自己原来是多么得幸福。

淡看失败，不要让自己活得太累

人生不可能一直是风平浪静的。人生遭遇不是个人力量所能左右的，而在诡谲多变的环境中，坚持自己的信念，做到使自己"随遇而安"，是能使我们不觉其拂逆而使情绪放松的绝佳办法。

大海时而风平浪静，时而波涛汹涌；人生旅途也时而风吹雨打、困顿在身，时而雨过天晴、鸟语花香。以坦然心态对待瞬息万变的社会百态，以平静之心应付波谲云诡的社会关系，便能时时让自己处于主动的地位。

人生无常，得失都在所难免，在失去中获得，在获得中拥有。"有才德的人知道吃亏受损实际上是有好处的，所以有一份功劳却可以得到二份的美誉；见识浅薄的小人不知道自己占了便宜实际上是一种损失，所以自夸其功，结果同时失去了功劳和名誉。"这是《人物志》在论及得失观时所讲的一段话。实际上，那些对敌方有所让步的人实际上真正战胜了对方；那些不自夸有功的人才是真正的夸功；那些不争名夺利的人才是名利双收。古人早已知晓得失之中的博弈，所以春秋时善于表面在抬举别人，实际却压倒别人，名扬四海。例如，蔺相如宽宏大量，为了顾全大局而引车回避，导致廉颇最终负荆请罪。不要被眼前的利益所蒙蔽，太过在意一时的得失，因小失大，得不偿失。这句话不但是流传千古的至理名言，还是指导后辈的金玉良言。

月亮尚且有阴晴圆缺的变化，人生也难免会有成败得失。一个人不能奢望自己一辈子只有成功，没有失败。面对失败与不利，要学会以平常心淡然对待，不要因暂时失利而垂头丧气，也不要因一时失败而一蹶不振。因此，一个人培养自己的心理承受能力尤为关键。范仲淹"不以物喜，不以己悲"的人生境界是值得后辈追求的，唯有如此，才会从容潇洒地面对一切坎坷困苦。失败是成功之母。由此可见，失败并不可怕，能够从失败中汲取教训、学有所成才尤为重要。学会避免并预防失败，平时就要养成良好的习惯。良好的习惯是成功的基础，所以说习惯决定人生。面对一时的成功，不能骄傲自大，目中无人，对别人不屑一顾，而要再接再厉，忘却过去的成绩，一切从零开始。而那些锋芒毕露、居高自傲的人常常会遭人忌恨，被人陷害，因此低调做人，切勿张扬。《史记·范雎蔡泽列传》中有"成功之下，不可久处"的警告，宋代张来曾经感叹"能勇退于富贵急流，去得道不远矣"。良药苦口利于病，忠言逆耳利于行。古人正是通过自身的体会在告诫后辈切忌沾沾自喜、忘乎所以，而要功成身退，敢于急流勇退。

相信我们每个人都或多或少赢得过别人的表扬或赞誉。对待美誉有的人会沉溺其中，难以自拔，很容易飘然不定，导致失误。当今美誉中的"水分"含量值得商榷。有的可能是别人的肺腑之言，而有的则可能是别人的应酬之谈、随声附和，在难于分辨时要淡泊一些，不妨把自己与取得更大成功、名声更大的人相比较。这样，善于把自己同某种更高的理想或标准相比较的人，以"盛名之下，其实难副"的态度对待美誉，既肯定了自己的成绩，又表现了自己的谦逊。有人问苏格拉底，为什么别人把他称为希腊人中最聪明的人？他答道："因为在所有希腊人中，只有我知道我自己其实一无所知。"

要正确对待美誉，平时如何应付别人的称赞至关重要，如果心安理得地"接收"，则会慢慢地习以为常了。应该谦逊地"婉拒"，久而久之，必然能够以淡然的心态对待种种赞誉。例如，人家赞你"很有趣"时，不妨说："只有与你这样的人在一起才这样。"人家赞你"乐于助人"时，不妨说："很高兴给我帮忙的机会。"人家赞你工作很有成绩有才干时，不妨说："我对这工作很有兴趣。"等等。

日常生活中的每个人都会面临着工作、学习和生活上的各种压力，重担在身，所有的一切都需要自己一人去担当，这样会让人觉得很累。要想做好所有的事情，做到面面俱到、恰到好处，那的确是一件难事。因此没必要要求自己事事完美，要学会给自己减压。

有的人会感叹生活实在是太艰辛了。其实生活原本就是那样，它只是一直按照自然规律、按照它本身的规律在运转。那些自称生活太累的人只是因为他本人感觉太累，他自己一个人身上扛起了所有的重担。

生活所涉及的东西可以说是包罗万象的。生活在这个世界上，每个人都要为自己的衣食住行去奔波，要去与形形色色的人打交道，要去应付各种各样的难以预料的事。因此，生活中必然会有不尽人意的地方。生活原本就应该五味俱全，缺一不可。事实上人世间有喜就会有悲，有幸运之神也会有不幸的降临。任何事物都是相对而生的，否则生活就不能称之为生活了。生活如果总是快乐，没有烦恼，那样的日子就会让人觉得空洞乏味；如果生活充满忧愁，没有阳光，那样的日子又会显得过分灰暗。生活原本时而雨过天晴，时而狂风肆虐，时而阴云密布，时而晴空万里，只有这样的人生才是真正丰富多彩的。

既然生活充满酸甜苦辣，那就会遇到不符合人意的时候，这时应当坦然面对。放松自己紧张的心情，轻松自如地去生活，去面对人生，就会把烦恼也当作是快乐，就不会整天去抱怨世事的不公与无奈。因此，每个人要以乐观的态度去面对生活中的喜怒哀乐，不要把自己囚禁在伤心的事情中而无法自拔，也不要因为高兴事而洋洋得意。

生活对每个人来说都是公平的，没有绝对的幸运儿，更没有绝对的倒霉鬼。有的人感觉自己不幸，其实别人同样有烦心的事；有的人羡慕别人有好机会，其实他自己也会遇到好运气。所以那些总是认为自己是世界上最不幸的人，他们的想法是大错特错的。不要被自己所织的网所束缚而难以自拔，把自己囚禁在无法摆脱的痛苦的圈子里面。

感觉生活太累的人往往胆小怕事。每说一句话都要考虑别人会怎么看待自己，是否因为这一句话而伤害到其他人；每做一件事都要前思后想，特别害怕自己的行为举止会给自己带来不良的影响。他们在工作中，对领导、同事小心翼翼；生活中对朋友、邻居谨小慎微。其实，在你周围的人，每个人的脾气都有很大的差异，无论你怎样谨慎，都不可能做到使每个人都满意。即使你处处谨慎行事，还是会有很多人对你大有成见。所以，只要你不违背常情，不失去自己的良心，挺起胸膛做人做事，会收到比谨慎更好的效果。

不能很好地调整自己的人往往感觉活得太累，一旦遇到不幸的事发生，不能辩证、乐观地去看待，而是消极、悲观地去看待生活，似乎世界末日马上就要来了，这是不足取的。

如果一直生活在心情沉重、感情压抑之中，长此以往，将变得非常可怕、可悲。处处都要考虑得失，时时都要注意不必要的小节，如果你连很小的一件事都要左思右虑，那么你去干大事的时间将化为乌有。因为宝贵的时间就在你的犹豫中悄悄地流逝了。也许，当你即将老去、再回首往事的时候，你就会发现自己是那么渺小，两手空空，一事无成。到那时，你再想后悔也于事无补了。

感觉生活太累的人是无法看到生活中光明的一面的，更体会不到生活中的乐趣。因为他把全部的时间都放在了周围一点狭小的空间中，而无暇顾及其他的事情。更为严重的是，他的生活是非常被动的，他不愿主动去做什么，总是患得患失。这样的生活永远都不会是幸福的，也没有快乐可言，他永远都背着沉重的包袱生活。

既然生命对人们来说是那么宝贵而又短暂，既然觉得活得累，生活是件很痛苦的事，为什么不换一种活法，活得轻松一点，努力去感受生活中的阳光和快乐呢？即使工作任务很重，人际关系复杂，也要抽出一点时间来放松一下自己，这会对工作更加有益，自己也会因此发现一片崭新的天地。

在遇到不同的事情、不同的情况的时候，我们最需要具有的就是"随遇而安"的心态。有其果必有其因，有其因必有其果，冥冥之中，轮回之间，众生无我，苦乐随缘，既然一切事物都有定数，那么随遇而安难道不是最明智的选择吗？环境难免会有不尽如人意的时候，问题在于面对逆境和不顺，我们选择怎样的心态。知道人力不能改变的时候，不如面对现实，随遇而安。与其怨天尤人，徒增苦恼，不如因势利导，适应环境，从既有的条件中，尽自己的力量和智慧去发掘乐趣。当我们无法改变身处的不如意的环境的时候，只有安详平静，并且从容地在不如意中去发掘新的道路，才能宁静快乐地迈开前进的步伐。

苏轼曾经多次被流放，可他说，只需要看到松柏与明月，心情就会感到很愉快了。何处无明月，何处无松柏？只是很少人有他那样的闲情与心境罢了。如果大家都能够做到随遇而安，及时挖掘出身边的趣闻乐事，即便改变不了周围的环境，也能够使你的心境大大改变。

在通常情况下，人们都为名所驱，为利所役，为情所困，活得非常、苦非常累，保持住平淡谦和的心境很难，因此，树立随遇而安的观念更有必要。随遇而安与传统意义上的随波逐流并不可同日而语，它包含了更为博大精深的哲学意义，是人与自然、社会和谐共处的切入点，更准确地说，随遇而安是一种泰山崩于前而色不变的大气魄，是一种以不变应万变的大智慧。

别让声色迷惑了我们的眼眸，别让烦恼影响了我们的情绪，也别让利欲蒙蔽了我们的心灵。当我们患得患失的时候，就想一想卢梭的那句名言："人是生而自由的，但又无往不在枷锁之中。"也许，我们的生活在转念间自然会步入一片坦途，能够顿然悟出随遇而安的妙处！

给心灵放个假

人要适时地给自己释放压力，给大脑放个假，这样自己的生活才能轻松一点。

现实生活中，压力无处不在，并且伴随每个人的左右。谁都想事业有成，享受成功的快乐，可是又能有多少人真正做到了这一点呢？

生活在这个世界上，你要为衣、食、住、行去奔波劳碌，要去应付各种各样的事，要去与各种各样的人相处。可谁又能保证你所接触的事都是好事，你所遇到的人都是谦谦君子呢？即使是上帝为你所掌握，恐怕也不会那么幸运，更何况不存在万能的上帝。所以，生活中必然要有这样或那样的事，有喜就会有悲，有幸运之神的光顾也会有不幸之事的降临。

越是经济困难的时期，家人生病，孩子要上学，生活要开销等等问题就都接踵而来。每天都有做不完的事，把自己搞得焦头烂额，匆匆忙忙地上班，下班还要及时赶回家做饭，督促孩子学习，好像一天都没有时间放松一下或者思考问题。

人只要在社会中生存，就会感受到压力，无论是学习上的压力，还是来自工作的压力，都会让人精神紧张起来。但你又不得不去面对它，因为有些时候我们对这些事情没有决定的权利。

压力无处不在，任何人都无法避免。因为人不是万能的，不可能把一切不顺心之事变为理想之事。关键看你怎样对待已经发生的事。我们是压力的承受者，也是压力的创造者，同时还是压力的去除者。

当你被长时间的紧张情绪所统治、折磨的时候，你的工作效率就会开始下降，并且它会严重地影响着你的个人生活，你也会因此失去工作和生活的热情。

面对生活中各种各样不合自己心意的事情时，不要让自己陷入到紧张压抑的氛围中，也就是说不要活得太辛苦。必要的时候，让自己放松一下，然后轻松地生活。

生活对每个人来说都是公平的，没有绝对的幸运儿，更没有彻底的倒霉鬼，你有这样的不幸，他还有那样的烦心事。别人有那样的好机会，你还会有这样的好运气。所以，千万别把自己说得那么悲惨，这样会把自己缠绕在自己织的网中无法挣脱。

我们所遇到的不如意只是生活的一部分，一个人如果能真正认识到这一点，并且不以这些难题的存在与否作为衡量幸福的标准，他就是个聪明人，也一定会成为幸福和自由的人。

林肯的书桌角上总有一个位置属于一本诙谐的书籍，每当他感到抑郁烦闷的时候，便翻开来读几页，不但可以解除烦闷，而且还能使疲倦消除。这使他的生活充满了乐观的心态，更使他自信地对待生活。

美国富翁柯克在51岁那年，花光了自己全部的积蓄，他只得又去经商、去赚钱。没多久，他果然又赚了许多钱。他的朋友因此很奇怪，问他道："为什么你总是有这么好的运气呢？"柯克回答说："这不是我的幸运，乃是我的秘诀。"朋友急切地说："你的秘诀可以说出来和大家一起分享吗？"柯克笑了："当然可以，其实也是人人可以做到的事情。我是一个快乐主义者，无论对于什么事情，我从来不抱悲观的态度。就算人们对我讥笑、恼怒，都改变不了我的想法。并且，我还努力让别人快乐。我相信，一个人如果常向着光明和快乐的一面看，一定可以获得成功的。"笑对人生，万事就能泰然处之。这样你才会轻松的生活。

著名高音歌唱家帕瓦洛蒂曾经说："尽管一生中有无数的遗憾，但生活终究是美好的。要乐观地、全心全意地去做每一件事，并且用歌声表达对人生的狂热！"

哈利是饭店的经理，他总是一幅心情很好的样子。当有人问他近况如何时，他总是回答："我十分快乐。"

如果哪位同事恰巧心情不好，他就会告诉对方怎么去看事物好的一面。他说："每天早上，我一醒来就对自己说，哈利，你今天有两种选择，你可以选择心情愉快，也可以选择心情不好，我选择心情愉快。当不好的事情发生时，我既可以选择成为一个受害者，也可以选择从中学有所得，我选择后者。面对人生，归根结底，你应该选择快乐。"

有一天，两个持枪的歹徒抢劫了他，还向他开枪射击。幸运的是他被及时送到医院。经过了20个小时的抢救和几个星期的精心治疗，哈利出院了，只是身体里还残留着一小部分弹片。

8个月后，他与一位朋友相遇，朋友问他近况如何，他说："我快乐无比，想不想看看我的伤疤？"朋友看了伤疤，然后问当时他想了些什么。哈利答道："当我躺在地上时，我对自己说现在有两个选择：一是死，一是活。我选择了活。医护人员都很好，他们告诉我，我会好起来的。但是在他们把我推进急诊室后，我从他们的眼神中读到了'我是个死人'这个信息。我知道我需要采取一些行动来改变我的命运。"

朋友问："你采取了什么行动？"

哈利说："有个护士大声问我有没有过敏史。我马上答'有的'。这时，所有的医生、护士都停下来等我说下去。我深深吸了一口气，然后大声吼道：'子弹！'在一片大笑声中，我又说道：'请把我当活人来医，我不是死人。'"哈利就这样活下来了。

每个人既不可能事事顺意，也不可能屡战屡败。要随时随地地发现自己生活中光明的那一部分。

世界名作《你容易犯错的地方》的作者弗恩·戴尔博士是著名的作家，在他30岁第一次婚姻破裂后说："我把每件发生在我身上的事都看作是一次机会，虽然它实际上可能是一个障碍。我想我生命中最悲惨的时候，可能就是我经历离婚又和女儿分开的那段时期。我留在纽约，而她回到了密歇根。那正是我生命中的低谷，我不会自己恢复，也不知道未来的方向。

"因为婚姻破裂，我变了一个人似的，生活中许多事情都发生了剧变。我开始跑步，以便让自己的身体变得更好。我开始写作，过去我一直挣扎在写作之中，因为当时夫妻关系很紧张，效果一直不好。如果不和唯一的孩子在一起，我很担心自己会失去那些创造快乐生活的重要事情，我将如何处理。那真是很煎熬的一段时期。

"但婚姻告终，内心也知道它已经真的结束，我重新调整生活，用过去觉得不可行的方式写作。更重要的是，如果没有走过那段低谷，我就不可能发展新的关系。现在我有美满的婚姻，漂亮的妻子，有七个孩子，和前妻的关系也非常好，那扇关闭的门曾经令我们俩都很痛苦，同样也为她开启了一扇新门，她遇到另一个男人结了婚，并且一直快乐地生活。

"我想任何有过负面人际关系体验的人，不管是婚姻失败还是其他人际关系的破裂，都能够明白这种体验是生活中很重要的一部分。如果你将它视为一个可以学习的机会，我真心认为双方都将从中获益。

"当我和第一任妻子结婚时，我做了许多不应该做的事，虽然这是个痛苦的教训，但经历了那次婚姻的失败之后，我学会了对人更体贴、更关怀。我也和女儿发展了一种新关系。离婚的时候，我以为我们父女关系会恶化，甚至会结束，但事实上并没有我想象的那么糟糕。

"所以，你可以面带微笑面对失败的到来，因为它可以是一次人生的转折点。"

　　史蒂文生有这样一句至理名言："快乐并不是幸运的结果，它常常是一种德行，一种英勇的德行。"快乐可以有很多种理由，关键要看是否能够让自己自觉地感受到轻松。生活中，有的人为了生存而身受负累与压抑，有的人为了心中的夙愿而忍辱负重，有的人为了走向成功而步履匆匆。其实，生活往往没有人们所想象的那样累，如果常给自己减压，生活自然过得轻松。不要把顷刻的烦躁持续太久，不要过多关注稍纵即逝的苦恼。一顿美食，一壶清茶，清晨露珠，黄昏落日，都是能够带给人们轻松与惬意的美好事物。

无所求是一种境界

　　最高意义的追求是无所欲求，如果能够达到这一境界，必能领会到快乐的真谛。

　　许多时候，我们对功名有过高的期待。如：我们会埋怨父母没有把我们生养在富贵之家；我们总是抱怨子孙们不能个个如龙似凤，但我们更多的不满足还是来自于自身。我们为什么会有过高的要求呢？这其实是幻想的冲动，是欲望的驱使，是不切实际的所求。

　　不知足属于最原始的心理需求之一，无所求则是经过理性思维后的一种开脱与达观。

　　不知足使人躁动、搏击、进取、奋斗；无所求能使人平静、安详、达观、超脱；不知足慧在可行而必行之，知足智在知不可行而不行。若知不行而勉为其难，势必劳而无功；若知可行而不行，这就是堕落和懈怠。这两者之间实际是一个"度"的问题。度就是分寸，是水平，更是智慧。在知足与不知足之间，我们应更多地倾向于知足。因为它会让我们心里坦然，无所取，无所需，就不会有太多的思想负荷。用知足的心态去看待一切，一切都会变得合理、正常、坦然，我们也就没有什么不切合实际的欲望和要求了。

　　无所求是一种大度。大"肚"能容天下事，在无所求的人眼里，一切过分的纷争和索取都显得多余。在他们的天平上，没有什么比知足更容易获得心理平衡了。

　　无所求是一种宽容的心态。对自己宽容，对他人宽容，对社会宽容，这样才会在一个相对宽松的环境中生存。

无所求是一种境界。无所求的人总是微笑着面对生活，人如果达到了这种境界，世界上就没有解决不了的问题，也没有趟不过去的河，他们会为自己寻找合适的台阶，而绝不会庸人自扰。

幸福其实是一种感受，人们不要忽略了身边的点滴幸福。一个美满的家庭，成员同舟共济，一片温馨气氛；一份尚可的工资，虽然日子过得紧巴点儿，但粗茶淡饭管饱，全家与疾病无缘；祖上不是显赫的名人世家，更没有远涉重洋的经历，但却留下生活要靠自己诚实劳动的祖训，活得分外踏实；父母没大本事，没有能力庇荫自己下海发财，入仕高升，但却教给自己乐观向上、诚挚待人的精神，因而能够拥有融洽自在的人际关系；生个孩子，既不是天才，也不是白痴，但却懂得孝顺父母，自尊自爱，令父母省去了许多麻烦，等等。我们身边的幸福无处不在，这些看来似乎很平淡的事情，却恰恰是普通人正在享受的幸福。只不过人的感受不同而已。有的人能够认识到幸福只是一种感觉，所以能够感受到幸福；有的人却完全没有感觉到，他们总是抱怨生活亏待了自己。

现在很流行的一个说法是：人不能让自己活得太累。这话的意思就是告诫人们不要自寻烦恼，而要自寻乐趣，活得自在一些。

第5章
爱自己，爱生活

快乐是生活的永恒主题。如果社会复杂的钱权关系把你束缚住，那么，错误世界观将会让你的快乐烟消云散。快乐就是藏在心中的根，只要能找到自己的根，并让它发芽长大，那么你就会是一个快乐的人。只要拥有快乐的心灵，就能及时将心里的疲劳解除。

爱是生活的必需品，能真正改变生命

　　爱是一种真挚的感情，它不计功名利禄，不计成功失败，不患得患失，它只求更多的给予，而不奢望过多的回报、甚至不奢望回报。

在这个世界上，只有爱才是最美好的。爱之所以美好，是因为爱是无私的，是心灵的呼唤、感情的投入。

生活中爱常伴着友情、亲情、爱情而出现。

友情是什么？是钟子期与俞伯牙的高山流水，断琴祭友？是马克思与恩格斯几十年的风雨同舟？还是……也许它只是一首温暖的歌曲《第一时间》，是朋友见面时一声久违的问候，是患难中的一只温暖的手，或是同病相怜时一个会心的微笑。但是，无论多么伟大的友情，或是多么普通的友情，它一定是重要的！生活需要它！

亲情是什么？是母爱的无私，还是父爱的含蓄？是女儿的乖巧，还是儿子的顽皮？或者是……也许它只是满文军那首深情的《懂你》和那首耳熟能详的《常回家看看》；是旅游在外时思念的电话，是国外一次昂贵的国际长途；是母亲节时一束美丽的康乃馨；是一句关切的叮嘱；或是大雨中一把小伞撑起的一方晴空。但是，无论亲情的浓与淡，它一定时时刻刻都伴随你左右，并把你的生活染得绚丽多彩的。生活同样需要它！

爱情是什么？是杨过与小龙女十六年的不离不弃？是梁山伯和祝英台化蝶的悲凉和千古传唱的《梁祝》？是琼瑶笔下的公主王子般的爱情故事？还

是……也许它只是情人节的一枝玫瑰、一盒巧克力，是患难中的一句深情的安慰，是一份平等的互敬互重的感情，是一个柔情的微笑，或是一次真诚的对视。生活也很需要它!

友情、亲情、爱情，这三股爱的风在生活的海洋上吹起浪花，在平静的湖面上荡起涟漪。没有爱，生活将变得无滋无味。请珍惜身边的爱吧！生活需要它们！生活不能缺少爱！

其实，生活中，"爱"是我们每个人时常挂在嘴边的一个字，然而，我们往往会忽略周围的爱，如父母对子女的关怀备至，老师对学生的谆谆教导，朋友间的鼓励与安慰……这些往往都被我们视为理所当然，没有好好地体会。如果你能够认真地加以体会，你会懂得：人生原来是这么的美好！

古时候，生命中所有的态度包括希望、憎恨、怜悯、妒忌、愤怒、自负、爱等，他们都居住在一个美丽的岛上，一同生活，共同建造自己的天堂。与此同时，他们各自具有个性。

一天，这些态度忽然发现自己身处的小岛正在沉入大海。"各位，小岛正不断下沉，"野心向其他态度宣布，"我和创造已经商量好了，我们要修船去找新的居所。在那里我会将土地卖给你们，然后在族长的带领下重建家园。我们必须离开这个岛。"最先离开的是冲动和轻率，接着是悲观，然后是消极。侵略和固执则为应如何做而大吵大闹。不久，挫折和冷漠也走了，他们认为命该如此，对其他同伴的争论——应走应留而感到厌倦。被动不想卷入如何挽救这个岛的争论，也跟着走了。

就这样，这些态度都一个个地随船离开了岛，最后，只有爱决定留了下来。爱对小岛的感情很坚定，他决定坚守到最后一刻。当其他同伴一个个地离开时，爱则在岛上回忆着他们在这里的快乐日子。小岛将要消失的时候，没有一个态度试着挽救它，最后，爱只好依依不舍地选择离开。他没有准备船只，只是向其他路过的船呼救。

一天，财富的船只从爱身边路过。财富的船是所有船中最大最快亦能航行得最远的，且精雕细琢。爱向财富喊道："财富，你能帮我离开这里吗？"财富说："爱呀，我不能帮你，因为我的船载了很多的金银珠宝，载不动你。"跟着来的是自负。"自负，请你救我！"爱企盼着。"我也十分想救你，"自负说，"可是你全身湿透，会把我的船弄脏的。"接着自负也消失在大海中。然后爱看到希望："希望，请你救救我！"希望说："我希望你明白，我现在只希望这只船可以坚持到对岸，对不起。"

小岛开始慢慢地往下沉了。爱爬到岛上最高的山尖，等待其他船的经过，但是，山尖上现在仅仅剩下一个小丘了。爱看到悲伤慢慢地驶近自己，便对他恳求："悲伤呀，请你救救我！让我上你这条船吧！"悲伤对他说："噢，我太悲伤了，想独自静静地度过。"跟着来的是高兴，可是他因为能够离开这个小岛而太高兴了，根本听不到爱的呼救。恐惧驶近了，但他担心若被其他态度见到自己接载了爱，会被他们指指点点，最后也没有伸出援救之手。爱向妥协求救，可是妥协告诉爱要接受现实，与小岛一同沉入海底。爱向愤怒求救，可是愤怒却认为爱落到如此地步完全是咎由自取，对爱的愚笨而感到愤怒。

眼见船只一艘一艘地驶近然后又渐渐远去了，可是爱却始终没能够离开，他的心也跟着岛屿一点点往下沉。在水已经漫到爱的胸口时候，突然传来一个声音："爱，你上来吧，我载你走。"爱大喜过望，立即跳上这艘愿意搭救他的船。这艘船十分破旧，很显然，它已经饱受了风雨的洗礼，但船身仍然坚固结实。

爱竟然忘了问救他的老者是谁，看起来爱实在是太高兴了。后来，爱向博学问道："是谁救了我？"博学说："是时间救了你。""时间？"爱问，"时间为何救我？"博学说："爱，在所有态度中，你是最伟大的，其他态度都不及你。你能忍受一切，你能承担一切，只要给你时间，你便能治愈一切的创伤。你知道的，只有时间能了解什么是伟大的爱。"

此刻，我们是否会意识到这样的道理：没有爱的财富，令人变得贪婪；没有爱的自负，令人与人之间的关系变得肤浅；没有爱的悲伤，令人变得以自我为中心；没有爱的快乐，令人失去怜悯之心；没有爱的恐惧，令人失去勇气并埋没良心；没有爱的妥协，令人对未来失去期望和信心；没有爱的愤怒，令人失去宽恕之心。如果你对身边之人的爱愈能经受得住时间的考验，那么他们就会愈喜欢你。

也许，直到最后，我们才能够真正明白爱究竟为何物。人与人相处时，总不免会有其他情感，如愤怒、妥协、自负、悲伤等，但是，一定要记着要以爱对待所有人。只要时间容许，爱能真正改变一切。

如今的社会，日趋多元化，我们生活在其中，都需要得到别人的关爱和帮助。我们在关心他人、爱护他人、支持他人、理解他人的同时也会得到别人的关爱和帮助。将爱作为人与人之间交流的纽带，世间就会少一份欺骗，多一份诚实；少一份猜忌，多一份温馨……也正如一首歌曲中唱的："只要人人都献出一点爱，世界将变成美好的人间。"

用爱面对每一天、每一个人、每一件事，心中的烦恼就会烟消云散，世间的纷争就会减少。天地虽宽，但是，爱的力量是无限的！

宽容地对待自己

一个人经历挫折的时候，最重要的是要自我安慰、自我调节，也就是要认识自己。

人的一生之中，困难、失败和挫折是随时可能与我们相逢的，但是，很多人在遇到它们的时候，总是想依靠别人，想得到别人的帮助、鼓励和支持。尽管别人的帮助是十分重要的，可是要想从根本上解决问题，还得依靠自我。因此，我们首先应该要学会珍惜自己的生命，珍惜自己的价值。

人的情绪大体上可分为两种，一种是有益于身心健康的情绪，如希望、欢乐、恬静、好感等；另一种则是有损于身心健康的不良情绪，如焦虑、愤怒、恐惧、沮丧、悲伤、不满、忧郁、绝望、过度紧张等，医学上通常将后者称为负性情绪。而人们在受挫折后产生的就是这些负性情绪，如果负性情绪超过人体生理活动的调节范围，就可能会引起疾病。

相关医学研究证实，经常出现负性情绪的人，体内的交感神经处于亢奋状态，会释放大量的活性物质。如人焦虑时能释放出大量的肾上腺素；精神过度紧张时可释放出大量的去甲肾上腺素，使人体代谢旺盛，心肌耗氧量增加，心跳负担加重，冠状动脉痉挛，于是可能会引起心肌缺血、缺氧，导致心律不齐、心绞痛、心肌梗塞等疾病。

"三分医七分养"，这是一个医学常识。倘若一个人患了病，如果他自己内心不想医治，不愿与医生配合，那么无论使用多么好的药，对他而言都无济于事。

大多数性情暴躁、负性情绪多的人，血胆固醇值也会增高。据报道，我国有一位生理学家性情暴躁，他曾预言自己将死在动怒的情况下。后来，他果真在一次医学讨论会上，因为勃然大怒，结果心脏病突发当场死亡。

一般来说，强烈的挫折或重大的打击会给人带来过度惊恐或忧愁。焦虑或失望、暴躁等能给生命带来严重的威胁。悲伤、气愤、惊吓过于突然或严重时常会使人受到刺激，忧郁成疾。

恶劣的心理状态和强烈的不良情绪，对人的大脑皮层会产生有害刺激，会改变大脑对人体心脏的控制，甚至损害心肌功能、扰乱心律，以致危及生命。

专家的研究结果还表明，绝望者的死亡率比一般人的死亡率高出 5 倍。在心脏病患者或其他疾病患者中，即使是中等程度的绝望也会增加死亡的可能性。

据相关统计表明，近年来，越来越多的人死于癌症，因此人们几乎到了谈癌色变的地步。可是医生却告诉我们：真正因癌症病魔而死的人不足 1/3，其余 2/3 的人都是被癌症吓死的。有许多人一听说自己患了癌症，就认为自己必死无疑了，于是他们拒绝治疗，即使勉强接受治疗，他们的内心深处也早已放弃了希望。殊不知，放弃了希望就意味着放弃了生命。

心理学家说："一个人经历挫折后一旦陷入负性情绪而不能自拔就等于自杀。"因此，当你遭受挫折后为某种不公平而愤愤不平时，你不妨问问自己："我还能活多久？"沿着这样一个思路想下去，就会加倍珍惜自己的生命。生命对于每一个人来说都是极其宝贵的，因为人的生命只有一次，不会再有第二次。一个人有了生命的危机感之后，才会变得成熟、睿智起来，才会活得充实而有意义。

每当问起自己"我还能活多久"时，心里就会忽然变得一片空白——没有芥蒂、不再计较，也不再为名利所惑，而只想紧紧抓住有限的生命，做点自己愿意做的、有价值的事。不至于撒手西归之时，愧对父母的养育之恩，愧对亲友的关怀之情。

一个女士得了一场大病，究其原因，原来是因受到不公平待遇而产生极强的挫折感、愤怒、忧郁所致。住院后，她才大彻大悟，觉得自己太傻了、太可笑了。计较那些名利，又有什么用呢？气死了又能解决什么问题呢？生命和名利孰重孰轻呢？答案不言而喻。想到这些，她心里顿时觉得无限宽阔，从此之后，她再也不去计较名利，哪怕受到再严重的不公平对待，她都能够泰然处之。

然而，这个世上，很多人舍本逐末，并不懂得生命的宝贵，为得一官半职而趋炎附势，或为小名小利而打得头破血流，目的达不到便忧怨、便苦恼、便痛不欲生，糟蹋自己。

其实，几乎每一个人似乎都有一个共同的弱点：对自己拥有的东西并不珍惜，一旦失去，才会懂得它的真正价值。

有一篇名为《自杀俱乐部》的荒诞小说，小说中，这个俱乐部专门为准备自杀的人服务。它让你在死前享受到所有的人间乐趣。于是，两个想自杀的青年男女在这里相遇后相爱了，当他们意识到自己的想法极其愚蠢而准备继续活下去时，毒气已经放了进来，此时，他们除了死已别无选择了。

在死亡面前，人生的一切真谛你都会明白，但可悲的是当你大彻大悟之后，却为时已晚。因此，每一个人都要珍惜生命，只有这样，你才会很自觉地超越痛苦。

世上完全红透的苹果一定是蜡做的，永不凋谢的花一定是塑料花。一个人一生当中都要经历苦辣酸甜，因此，你不可能永远生活在欢乐与幸福中，痛苦是正常的，能够品尝痛苦但不被痛苦压垮的心灵才是真正健康的。欢乐是一种很高的人生境界，一个人要拥有一颗永恒的欢乐心，必须在经历无数痛苦和忧伤之后，才会明白欢乐并不是一时的高兴，而是一种乐观向上、积极进取、淡泊名利的人生态度。经历了无数苦难都没有被苦难伤害到自己身体的人，才能真正体会到那种苦尽甘来的滋味。

而要善待自己，我们也应该要学会保护自己。许多挫折都是人们自己造成的，有一种人由于太锋芒毕露、棱角太强而挫伤了别人也害了自己，这种人是不会保护自己的。因此，有才华的人必须把保护自己也当作一种才华。一个不会自我保护的人，即使他拥有了才华，有时也会使才华过早地泯灭，而不能为社会做更多的事。

为了避免再受挫折，那些棱角较强的人都必须学会保护自己，究竟怎样才能保护自己呢？这就是要学会外圆内方。

外圆内方是处事中最经典的哲理。无论何人都喜欢听赞扬之词，即人人都希望得到社会的承认，这也是人之常情。会为人处事者，此时必然是避其锋芒，哪怕觉得别人干得不好也不会直言相对；生性油滑、善于见风使舵的人，则会阿谀奉承，拍上司马屁；那些忠直之人，此时也许要实话实说，但会给人留下太过莽直、锋芒毕露的印象。

当然，某些时候，锋芒也是魄力的一种表现，在特定的场合显示一下自己的锋芒，也是非常必要的。但是，太过，即伤人又伤己。做大事之人，过分外露自己的才能，只会遭到别人的嫉妒，导致自己的失败，无法将自己的事业的推向成功。严重的话，不仅会因此失去政治前途，还会累及身家性命。留得青山在，不怕没柴烧，有才华要含而不露，对他人不可过于耿直地指责和批评，这就是所谓的外圆内方。

外圆内方是要你在坚持原则的前提下讲究说话艺术和方式，这样既可以表明自己的见解，达到自己的目的，又不会伤害别人，也保护了自己。而大家通常认为外圆内方就是要违背人的性格去圆滑地做人，其实，这种观点并不正确。在纷繁复杂的人际关系中，良好的性情和办事风格可以促使你走向成功。这就需要你会做到外圆内方。

多进行自我鼓励

有时候,一个人如果时常进行自我鼓励,就会爆发出惊人的能力,这也是让人难以想象的。

现实生活中,往往有许多人总是觉得很自卑,甚至认为自己一无是处。其实,正确认识自我是至关重要的。它涉及将来怎样进行自我定位、自我评价。接受自己、摆脱自卑是迈向成功的第一步。那些认为自己不行的人经常心情郁闷,对生活中的一切都觉得没兴趣。他们还经常抱怨周围的亲朋好友不能理解他,觉得自己无法和周围的人友好相处。其实问题的关键在于他们能否接受自己,他们能否客观地认识自己。

哈佛大学罗森塔尔博士做过一个著名的实验。开学伊始,罗森塔尔博士交代给校长一个任务,他让校长把三位教师叫进办公室,对他们说:"据我观察,上学期,你们的表现都很出色,你们是全校最优秀的老师。为了提高教学水平,经过研究,我们专门挑选了100名全校最聪明的学生分别组成三个班,这三个班的班主任由你们来担任。既然这些学生的智商比其他孩子都高,希望在你们的指导下本学期能让他们的成绩能够更上一层楼。"

听完校长的话后,三位教师心中都暗自惊喜,他们向校长表示一定要竭尽全力,尽自己最大的努力去育这些孩子们。此外,校长又叮嘱他们,对待这些孩子要像平时一样,不要让他们知道他们是被特意挑选出来的，三位老师表示一定要按照校长的吩咐去办好这件事情。

一学期之后，这三个班的学生成绩果然名列前茅，学生的进步也很惊人。这时，校长才告诉这三位教师事情的真相：原来这些学生并不是像以前所说的是刻意选出的最优秀的学生，他们都是全年级的普通学生，他们只不过是随机抽调的，仅此而已。当三位教师得知此秘密后，实在是出乎他们的意料，他们对学生的进步之飞速而感到十分的惊奇。而此时，校长老又告诉了三位教师另一个真相，那就是，他们并不是被特意挑选出的全校最优秀的教师，他们也是随机抽调的普通老师。

正如博士所料，在过去的一学期内，这三位教师都认为自己是最优秀的，并且学生又都是高智商的，因此他们对教学工作充满信心，工作也十分努力，可见，自我鼓励是十分重要的。每天只要自己不断地鼓励自己就会发挥自己的潜质，就会满怀自信，不断激励自己就会取得惊人的进步。因此，无论做任何事情，都要激发自己的能量。面对所有挑战时，要始终相信自己是最优秀的、最聪明的，这样，你自己就会收获一种出人意料的结果。

有一位朋友，总是怀疑自己得了癌症，他吓得要死，怕得要命，整天愁眉苦脸，焦躁不安，吃不下饭，睡不好觉，他的一言一行、一举一动都像个"癌症"患者，不到十天的时间，他的体重就减了十多斤。后来经多家医院检查，证实并没有患癌，这样他才慢慢恢复到正常状态。相反，有一位老同志被医院确诊为结肠癌，但他根本没有将它太当回事，觉得人活百岁总有一死，能多活一天就是胜利。他把癌症视为自己的敌人，他要和这个敌人决战一场，同时他也坚信"两军交战，狭路相逢勇者胜"的道理，于是不断地自我暗示："只要我的精神不垮，就能战胜癌症这个敌人，总有一天，我会好起来的。"服药时他念道："这药很好，吃了一定有不错的效果"；化疗时他坚信："现代科技肯定能征服癌症这个恶魔";吃饭时默念:"饭菜真香,有益健康";走路时想着"生命在于运动"。这样长期坚持自我心理暗示,渐渐对身心产生了良好的作用,十多年过去咯,这位老同志的病情不但稳定,而且症状消失,他对自己的身体越来越充满信心。

从心理学的角度讲,自我鼓励,也叫作自我暗示,它指的是一个人通过主观想象某种特殊的人与事物的存在来进行自我刺激,达到改变行为和主观经验的目的。自我暗示又可分为积极的自我暗示和消极的自我暗示。其中积极的自我暗示可以激发一个人的能力,有利于一个人确立自己的目标,并通过自己的努力来实现自己的目标。

每天给自己一个好心情

　　习惯是生活的累积，是能够刻意培养的，因此人人都拥有创造愉快心情的力量。

好心情，人人都渴望有之。每天早上，睁开眼睛的时候，我们都渴望自己一天都有一个好心情，你是否尝试过每天早上起来后给自己一个对美好心情的期盼，并且将用这种期盼作为自己的一种鼓舞和激励呢？的确，这是一个非常好的主意，当我们每一天都坚持做下去，使之成为一种习惯的时候，我们会发现我们的心情真的越来越好，我们的幸福感也越来越强烈。

　　一天清晨，约翰乘坐火车去旅行，但这次乘坐的是一列老式火车，大约有6个男士正挤在洗手间里刮胡子。经过了一夜的旅行，隔日清晨通常会有不少人在这个狭窄的地方漱洗。此时的人们多半神情漠然，彼此也没有什么交谈。

　　此时，突然有一个面带微笑的男人走了进来，他愉快地向大家道早安，但是却没有人理会他，或只是在嘴上应付一番罢了。随后，当他准备刮胡子时，竟然哼起歌来，看上去非常快乐的样子。约翰对他的举止感到十分不高兴。于是约翰带着讽刺的口吻对这个男人说道："喂！你似乎很高兴的样子，怎么回事呢？"

　　"是的，你说得很正确。"这个男人回答说，"正像你所说的，我是很高兴，我真的觉得很快乐。"然后，他又说道："我把使自己觉得心情愉快这件事当成一种习惯而已。"

我们相信，洗手间内所有的人都已经把"我把使自己觉得心情愉快这件事当成一种习惯而已"这句深富寓意的话牢牢地记在心中。

实际上，这句话确实具有深刻的哲理。不管是幸运的事还是不幸的事，人们心中习惯性的想法往往占有决定性的影响地位。有一位名人说："穷苦人的日子都是愁苦；心中欢畅者，则常享丰筵。"这段话的意义是告诫世人想办法培养愉快之心，并把它当成一种习惯，这样，生活就会变成一连串的欢宴。

养成心情愉快的习惯，主要取决于思考的力量。第一，你必须拟订一份有关心情愉快的清单。第二，每天不停地对这些想法加以思考，其间，如果有不高兴的想法进入你的内心，你必须停下来，并设法将其删除，以快乐的想法取而代之。第三，在每天早晨起床之前，不妨先在床上轻松地想一下，静静地把一切有关快乐的想法如同看球赛回放精彩的瞬间一样，在脑海中重新播放几次，同时，在大脑中描绘出一幅今天可能遇到的快乐地图。时间久了，不管你遇到任何事情，这种想法都会对你产生积极作用，帮助你面对任何不愉快的事情，甚至能够将不快乐转为快乐。反之，假如你不停地对自己说："事情不会那么顺利的。"那么，你就是在给自己制造一些不愉快，所有关于"不愉快"的形成的大小因素，都将围绕着你，此时，你还会感到快乐吗？

有一位医生，精通心理保健。他曾经利用以下的方式来帮助人们获得快乐。

在你聆听音乐或是欣赏舞蹈表演的时候，你不妨将自己想象成舞台上的演奏者、歌手或舞者，而通过设身处地去感受，你就可以从旁观者的心理状态，转化成参与者的心理状态。如此一来，你便会时常发现并体会外界的美好，也就更能够发现快乐其实是无所不在的。

在你阅读报纸、观看电视或聆听他人说话的时候，你也可以集中注意力，展开想象的旅程。例如，当你听人介绍美国纽约的风光时，你可以设想自己正跟对方走在纽约的街道上；当电视节目介绍非洲大陆时，你也可以想象你要将要领略"大漠孤烟直"的美景。

其实，此种方法就是在培养我们对于外界之美的观察力与感受力，进而让我们体会到，原来快乐在生活中真的是俯拾皆是！

随着我们年龄的增长，每个人都会因为日常琐事而感到烦扰，因此人们常说："人越是成熟，就越会感到忧郁。"我们常常会追忆童年时期的开心时光，因为它让人回味无穷，尽管我们不能回到小时候，但是我们可以经常回想当时的生活趣事，或者是与儿时的玩伴们聚会，要是有机会的话，我们还可以造访童年时期的嬉戏场所，重温当年的快乐，让自己"返老还童"一回。

人生的美妙、快乐、欢喜之处，就在我们视线所触及的每一件小事情当中。当我们面对一件事情时，只要能够持一种欣赏的眼光，努力挖掘它内在隐含的乐趣，即使感到烦乱，生活中的那些愉悦和快乐，我们也能体会得到。

懂得享受事物之中的美感与动人之处，这是每一个人要学的。完整的快乐是从平常生活的点点滴滴中累积而成的，我们要时刻保持愉快的心情，甚至将快乐带给身边的每一个人。

因此，朋友们，让我们一起大声地歌唱："你快乐吗？我很快乐！快乐其实也没有什么道理……"快乐就是这么容易、这么简单！

从前，有一个人，他非常不幸，每天早餐的时候，他总是对他太太说："今天看来又是不愉快的一天。"尽管他的本意并不是这样，也期待着会有好运来临，然而，他所面临的一切情况可能会十分糟糕。实际上，会有这种情况发生也不足为奇，原因在于：如果心中若预存不快乐的想法，一天的心情肯定就会受潜意识的左右，所有的事情也不会办得很顺利。

因此，在一天的开始即心存美好的期盼是件非常重要的事，只有这样，事物才可能有美好的发展，你才会每天都拥有一份好心情。

爱自己，爱他人

我们首先应该爱自己，然后才能以同样的方式爱别人。爱自己、忠实于自己，这是人格的基础。

有时候，你是否会有一种生命变得苍白的感觉？其实，这种情况是我们许多人都会面临的，我们会觉得做任何事情都没有意思，对什么事情也不会深信不疑，甚至对自己也是如此。这种感觉就如同吃了麻醉药一般，有一点劳累，有一点恐惧，还有一点无聊。

人们常说要"爱邻如己"，这种要求对我们每一个人而言，一直被认为是很难做到的。其实，这种要求是不难做到的。

这种要求似乎是说，"你要好好爱自己，然后用同样的方式去爱他人"。但这也说明我们应该先爱自己，否则这句话就变得毫无意义了。

可是，我们真的时时刻刻都在爱自己吗？或者只在自己最好的时候爱自己？难道我们不是时常蔑视自己吗？我们难道不是时不时地对自己感到厌倦甚至憎恨吗？

爱自己或许有些自私，但是爱别人又何尝不是如此呢？温柔的母亲总是自私地爱自己的孩子，有时甚至会把孩子宠坏。

"自爱远没有自我忽视丑恶。"莎士比亚说。一个人耕种一块田地，收获了麦子，然而当饥饿的邻居眼巴巴地站在一旁的时候时，他竟然会把所有麦子都吃掉，连一点点的麦子都没有给邻居留下。此种情形我们觉得已经够差劲了。但是，根本不去耕种土地，任其杂草丛生，甚至荒芜，岂不是更坏，因为这意味着，不管是邻居还是自己都要挨饿。人生的第一要务是养活自己，丰富自己的生命，这是最根本的，否则他不但自己一事无成，也无法帮助他人。

一个人一旦失去了自我认知，他就会迷失，也不会有任何建树。一个人有什么样的道德水准，就会以什么样的方式去帮助他人，至于我们能为他人提供什么样的帮助，往往取决于我们是什么样的人。

我们一定要爱自己，向伤感的情绪宣战，不要长久地将自己置身于伤感的情绪之中。因为这种伤感不是由于悲伤或者病痛，而是完全来自一种莫名的感觉。

这种伤感并不是像英国人所说的那样由坏脾气所引起的，如果那样的话，一片药、一个祈祷就可以解决问题，但是，这里所说的这种伤感却可以吞噬生命中的快乐。

这种伤感来自于日常的生活，它使我们不得安宁，我们想到其他地方去极力地将其甩开，可它却像幽灵一样一直缠着我们。

一旦这种伤感向我们袭来，我们就很难找到生命的依靠。别人看起来很高兴，而我们却很痛苦。生命变得极其平淡、苍白而又乏味，如同已经被榨干了汁液，只剩下了外壳。

对于悲凉与绝望，也许有许多人从未感受过，可是大多数人对忧愁还是有所了解的。我们时常会有一种生命变得苍白的感觉。此时，我们会觉得做任何事情都是没有意义的，对什么事情也都会猜疑，甚至对自己也是这样。这种感觉带着一点劳累、恐惧、无聊。

我们该怎么办呢？向这种情绪宣战，应该把它彻底赶出去。这样的建议听起来似乎很简单，做起来却很难，但它完全可以实行，结果的好与坏完全取决于我们自己。

只有至高的信仰才可以改变低迷的心境，但是，我们很多人已经失去了这种信仰，而且没有找到替代品。我们总是试图用最低的信仰达到最高的生活目的，这可能吗？

总是让习惯跟着感觉走，你却从未倾听内心最真实的声音。

当外在环境已经发生变化，你却茫然不知，依然在用过去的经验来解决新问题，最终的结果可想而知，造成这些情况的原因就在于你没能激发心态的巨大能量！每个人都是自己的"魔镜"，此时，我们就应该洞察自己。洞察，就其最原始的意义而言，就是向洞口更深的地方看，后来引申为透过现象看到本质。

对于我们而言，只站在洞口是不够的，洞中的本质和真相才是最重要的。用弗洛伊德的话来讲，洞察就是变无意识的看为有意识、有目的的观察。我们既要洞察别人，也要洞察自我。我们在洞察自我的时候，不仅要洞察自己的语言和行为，更要洞察自己内心的声音。

我们进行自我洞察的原因是什么呢？

首先，在这个世界上，最了解你的人是谁？当然是你自己。然而，你真的了解躲在灵魂深处的那个"你"吗？洞察，就是为了让我们通过剖析，最终真正地了解自己的内心和本质。

其次，我们要注意洞察自己的内心，因为行为只是一种外在表现，真正影响并决定我们人生的，是我们的内在的东西。而且，对于心态修炼来说，我们原本需要了解和分析的，就是"内在自我"。

在这条漫长的历史长河中，我们的一生只不过是转瞬而逝的浪花。自己的一生应由自己掌握，不要被世俗所左右。在短暂的一生中，让自己的灵魂做主，即使在风烛残年之时也不会有悔恨一生的虚度。正如公元四世纪时的荷马，他处在一个迷茫的时代，当时没有人知道未来是什么样的社会。人们纵酒欢歌，而荷马却在人声的喧闹中紧紧地追随着自己的灵魂，独自寒窗沥血，青灯走笔，为自己奔跑，用灵魂铸造了世界名著《荷马史诗》，同时也铸就了自己不朽的名声。

跟随自己，为自己奔跑，不要受物欲的控制，使心不为形役。即使自己不能成为圣人，只要心中有了圣人的目标，在别人眼里，你也将成为一位圣者。

怎样做才算是真正地喜爱自己呢？真正喜爱自己，就要离开虚荣、摆脱自大，因为虚荣和自大是自己的背道而驰的。虚荣和自大其实只是一种恐惧，而喜爱自己乃是要我们对自己有极大的尊重，以及对自己的生命、心意和身体有深深的感激之意。

零帕族认为"爱"是在内心对自己、对人、对生命的热忱赏识，同时也赏识其他很多不同的东西。生命的种种历程、能生活在世上的欢欣、所见到的美、我们的身体……这些都值得我们热爱。可是，在许多时候，我们却常常做出害己的事情。

有些人用不当的食物、烈酒、毒品来糟蹋自己的身体，他们认为自己不被他人所爱。

有时候，我们在职场中即使有了升迁的机会，我们也会担心和害怕，这给我们的身体带来了疾病和痛苦。

有时候，我们对那些有益的事情，总是拖了又拖。

有时候，我们却接近不爱护我们的人。试想一下，你难道有如此这般地不喜爱你自己吗？

一些人，觉得自己一点价值都没有，这不等于不喜爱自己吗？

一些人，时常觉得自己做错了事情，以致大家都不喜爱他。

一些人，和异性有过一两次的约会，但之后，对方就没有再约他，就以为自己在某些地方做错了惹对方不高兴，以致非常懊悔。其实，人和人在单独接触之后，容易发现双方不太合适，因而不想再约会，这种情形是再平常不过得了，又何必责怪自己呢？这岂不是自寻烦恼吗？

一些人的婚姻曾经很失败，他们不再肯定自己的价值，他们认为自己是一个永恒的失败者，这也是不正确的。婚姻能否维持，全在夫妻双方的性格是否合适，是否能够包容对方，根本谈不上胜与败，也用不着看轻自己。

更有甚者，仅仅因为自己的身材不如模特儿的好看而感到难受；一些人无论遇到任何事情都不敢自己拿主意，生怕有什么闪失；一些人为了息事宁人，却放弃自己的原则……

偶尔，你是不是也感觉到自己没有价值？一个小小的婴孩，我们可以说是十分完美的。婴儿并不需要做什么事情来使自己完美，因为他们真的已经十全十美了。他们知道自己是家庭的中心，他们有需要时，从不害怕发问和争取，他们很自然地传达自己的感受。当一个婴孩身体不适时，家人一定会发现，而且几乎所有的家人都会知道；当他们快乐的时候，家人一定能看到，因为他们的笑容给整个家带来了光亮。

只要你稍微用心观察一下，你就会发现婴孩是充满爱的。如果你不爱你的婴儿，你的婴儿就会闷闷不乐、无精打采。人在长大以后，才能学会怎样在没有爱的环境中生活，然而婴儿却绝对办不到。婴儿喜爱他们自己的身体，甚至连自己的粪便都不讨厌，他们足够的喜爱自己的勇气。这一点，令我们这些大人们都感到佩服！

但是，千万不要忘记我们都曾经是这样的。然而，当我们开始听成年人说的话的时候，他们说的话又时常让我们感到对一切恐惧时，我们就慢慢地失去了以往的勇气，不再像婴孩时期那样喜爱自己了。

喜爱自己，首先应该做到的是不要苛求自己、批评自己、责怪自己，而一些人总是批评自己，总是时时刻刻都在批评自己。对自己实在是太苛刻了。许多人都觉得自己不够好，不如别人，因此对自己很不满意，不喜爱自己。其实，大多数情况下，许多人遇到的所有问题，几乎都由他们的自怨自艾、自暴自弃所致。接下来，让我们来研究一下他们为什么会产生这种问题。

一个十全十美的婴儿，到长大成人时，怎么反而充满难题，觉得自己没有价值和没有爱了呢？

值得庆幸的是，绝大多数人并非如此。他们很爱自己，也很爱别人，他们一天比一天有成就，而且他们非常懂得珍惜。

给予爱是很真、很美的经验，而得到爱是一个很小的经验。

原因在于爱是一种无穷尽的品质，尽你的所能，不断地给予，不要担心它会竭尽，不要担心有一天你会突然发觉："我的上帝啊！我已经没有爱可以再给予了。"

爱是一种品质，它会因你的给予而成长，如果你抓着不给予对方，它就会枯萎。因此对爱而言，要成为一个真正"挥霍无度"的人！不要担心你的对象是什么人。也许有的人会这样认为：我只要将爱给予某些具有特定品质的人，其实，这真的是一种吝啬的想法。

假如你是一朵带着雨的云，带着雨的云不会担心会将雨下在哪里。不管是石头上，是花园里，还是海洋里，都没有关系，它只是想要卸下自己的重担，而卸下重担是一个很大的纾解。

所以，首要的秘密就是：不要等待，不要想说如果有人要求你，你才会给予——尽管将爱给予他人吧！

不要在浮躁中迷失自己

我们在喧嚣的都市中，要有一颗远离浮躁的心，要对成功之途持有一种正确的心境。

浮躁这个词，在当下社会，尤其是在市场经济的大背景下，越发流行。在当今的社会中，每个人都渴望成功，但通常他们又会将金钱作为是否成功的衡量标准。然而，又有多少人会按捺住自己躁动的心呢？又会有多少人守得住那可贵的孤独与寂寞呢？又有多少人会对别人的成绩而眼红心动呢？很多人会按捺不住自己那颗骚动的心，极力想去寻找所谓的成功捷径。但是，人一旦心浮气躁，急功近利，必然盲目狂热，这样就不可能脚踏实地努力，去用脑子想问题，花力气做事情。往往会有这样的结果：在物质和精神都毫无准备的情况下披挂上阵，情绪烦躁，手忙脚乱，仓促从事，草草收场。

一旦浮躁这种情绪在你的内心萌生，会直接影响到你的生活态度。如果你浮躁了，会终日处在又忙又烦的慌乱状态中，脾气暴躁，神经紧绷，长此下去，你会被生活的急流所挟裹，迷失自我。凡成事者，都有一个前提条件——远离浮躁。既要心存高远，更要脚踏实地，这个道理难道真的那么难懂吗？

在大都市里，往往夹杂着喧嚣。如何远离浮躁之心，对成功之途持有一种正确的心境显得尤为重要。

王国维在《人间词话》一书中谈到，古往今来，凡能成就大事业、大学问的人，无不经过三种境界：第一种境界，"昨夜西风凋碧树，独上高楼，望尽天涯路"。是说必须站得高，看得远，选定自己的奋斗目标。第二种境界，

"衣带渐宽终不悔,为伊消得人憔悴"。是说一个人在认定自己的目标之后,就要刻苦学习,为实现自己的目标奋力拼搏,即使衣带宽了,人渐瘦了,也始终不悔。第三种境界,"众里寻他千百度,蓦然回首,那人却在灯火阑珊处"。是说经过千百次寻求和努力的过程后,回头一看,忽然发现自己为之奋斗的目标就在眼前,成功正在向你招手微笑。有了这三种境界,浮躁之心自然会远离,是值得我们学习的。

远离浮躁,就要保持一颗淡泊名利的心,用一种平常心对待一切,要做到"不以物喜,不以己悲",才能躲避凡尘的牵绊;在虚幻的名利、种种纷扰中,不改变自己的心境,守住自己的精神家园,才能达到"太行摧前而不瞬,盛夏流金而不炎"的心理状态。

其实,淡泊,会让心灵更加鲜活生动,让人性回归本真,让人生获得充实、丰富、自由和纯净。淡泊犹如天上的白云、山间的泉水,它是一种气质、一种修养、一种成熟而坚强的人生理念。

一生之中,每个人不可能避免烦恼和浮躁,但当我们心境开明,用淡泊之心坦然处之的时候,我们便会觉得,原来一切都是那么美好!

投入生活，抓住身边的快乐

在生活中，绞尽脑汁地去思考那些虚无缥缈的问题是毫无用处的。还是投入生活吧，尽自己的全力愉快地投入生活吧！

每一个人的每一天、每时每刻都需要面对许许多多的琐碎事物，犹如一部美妙的散文体日记。这些琐碎的事物可能是一些短暂的工作或刺激，它们似乎每天都在打扰着我们。

被许许多多的琐碎事物缠身是一件很可怕的事情，它会磨损我们的神经，摧毁我们的信仰和坚韧。

"人必须能够把细小的事物变得伟大，这才是真正的力量源泉所在。"这是画家吉恩·弗朗索瓦·米勒曾经写下的一段睿智的话。倘若我们仔细观察他的画作，如《拾稻穗的人》和《祈祷》，就会明白他是如何把普通的事物变得伟大的。是啊，生活原本是琐碎的，他小心翼翼地运用高超的技巧，对事物的细节进行描绘，使其具有了深远的意境。

有一天，米勒在刚刚完成一幅画作后，把画给他的小儿子看。他的小儿子大声说："多么漂亮的草地呀！我真希望在上面打个滚！"米勒听了小儿子的话后感到很欣慰，自己为这幅画作所付出的努力确实没有白费。像每个艺术家一样，米勒知道细小的事物可以造就完美，而完美的东西却不一定琐碎。我们应该牢记这一道理，它适用于艺术中的人生，也适用于人生中的艺术。

倘若生活里充满了各种各样细碎的事物，我们一定不要让生命本身也成为一个微不足道的东西。我们必须用心地做好计划，勾画出蓝图，用我们美丽的画笔描绘出绚丽的人生。

也就是说，我们必须有足够的智慧和眼光去设计生活，让生活的每一部分都变得紧凑而有意义。其实，这些细小的事物在我们开阔的眼界中根本不算什么，倘若我们的心灵开阔了，这些琐碎事物就不再那么令人生厌了。它们只不过是我们生活画卷中那一个小小的部分，也为整个人生添上了多彩而又和谐的一笔。

其实，生活是由无数的琐碎组成的，许多人害怕麻烦，但是越害怕麻烦，麻烦就会经常光临，有时不止一个，而是多个，甚至是一连串的麻烦。但，还是需要我们静下心来，逐个地进行处理。处理一点，麻烦少一点，我们的日子就顺畅一点。投入生活吧，尽自己的全力愉快地投入生活吧！别总是思考那些没有用的东西。我们何时才真正开始生活？生命的意义何时才开始除去自己的面纱，显示它本来的面目和可能的样子？接下来，你就会看到答案。

当我们具有了生活的信念时，具有了独立的人格时，具有了可以维持生计的工作时，有了给予和获得爱的对象时，当我们知道"多赚一点儿，少花一点儿"时，知道如何减轻自己身上的重负，并且帮助他人减轻负担时。

当我们具有足够的智慧，实实在在度过每一天，不为昨天的事情困扰，不为明天的事情忧虑时。

当我们眺望远处的地平线，发现自己竟是如此的渺小，并且不会因此而失去自己的信仰、希望和勇气时。

当我们知道每一个人都像我们一样，或高贵，或可耻，或神圣与孤独，并且学着原谅他们、爱他们时。

当我们能够同情他人，同情他们的悲哀，甚至罪过，知道每一次努力都会面对很多困难时。

当我们知道如何结交朋友、保持友谊，不计较他人和自己的缺点，知道如何把朋友留在自己的身边时。

当我们知道将那些非常美好、恬静、充满想象力的伟大的书籍当作自己的朋友和导师时。

当我们喜爱鲜花，去追逐小鸟，与孩子一起忘情欢笑时。

当我们在苦而乏味的生活里找到快乐与高贵的秘诀，并且把艰苦的生活看成一场游戏时。

当满天的星斗和水面的波光唤起我们的美好情感时。

当我们能够发现每一种信仰（不管这种信仰属于哪一种类型，这些信仰应该能够帮助人们揭开人生神圣的意义），并追逐信仰时。

当我们在看路边的一个小坑，而我们所看到的不仅仅是污泥时。

当我们知道如何去爱，如何去祈祷，如何去开怀大笑，如何去帮助他人，高兴地去生活并且不惧怕死亡时！

第 6 章
爱他人，爱世界

　　人生的路上，我们要学会改变自己的思路，寻找机遇，要和别人分享；改变自己的性格，要比别人更优秀，做别人做不到的事情。人生永远像现场实况一样，请不要错过良好的机遇，最重要的是一定要做最真实的自己。只有懂得快乐的真正意义的人，才能拥有真正的快乐。

常怀一颗感恩的心

感恩，是每个人与生俱来的天性，是深植于人们内心的一种优秀品质，也是人们对美好生活的一种追求。

感恩是一种生活态度。常怀感恩之心，感激身边一切美好的事物，生命便会创造出一份人间奇迹。在感恩的氛围中，人们可以平心静气地面对许多事情；在感恩的氛围中，人们可以认真、务实地从最细小的事做起；在感恩的氛围中，人们自发地正视错误，互相帮助；在感恩的氛围中，人们可以真正做到严于律己、宽以待人；在感恩的氛围中，人们将不再感到孤独……

现在许多孩子视幸福为理所当然，认为本来就应该是这个样子。他们大手大脚地花着父母的血汗钱，却对父母的馈赠从不言谢，对朋友的帮助少有谢意，稍有不顺心之处便大发牢骚，总觉得世界欠自己太多，社会太不公平。这样就会很容易走入两个极端：或者内向自卑，或者目空一切。

孩子的这些心理偏差，都迫切需要来一次灵魂的洗礼——让感恩思想进入心灵深处。因为，感恩可以消解内心一切积怨，感恩可以涤荡世间所有尘埃。"感恩的心"是一盏对生活充满理想与希望的导航灯，它为我们指明了前进的道路；"感恩的心"是两支摆动的船桨，它助我们在汹涌的波浪中一次又一次地化险为夷；"感恩的心"还是一把精神上的万能钥匙，它让我们在艰难过后开启生命真谛的大门！拥有一颗感恩的心，能让你的精神变得无比崇高，更能让你的生命变得无比珍贵！

想一想，你是否总是抱怨父母因工作太忙而忽视了我们的存在？此时，你不妨用那颗感恩的心，去感受父母为我们所做的一点一滴。渐渐地，抱怨就会被感恩的心取代。其实快乐很简单，只要你拥有一颗感恩的心，便会发现身边值得感恩的一点一滴。感恩的心看似无形，却必不可少，因为忽略了那颗感恩的心，才会造成许多无法弥补的错误。

感恩是一种歌唱方式，感恩是一种生活的大智慧，感恩是一种处世哲学，感恩更是学会做人的支点。生命的整体是相互依存的，事物之间都是相互依赖而存在。无论是父母的养育、师长的教诲、朋友的关爱，还是大自然的慷慨赐予……我们无时无刻不沉浸在恩惠的海洋中。感恩，是一个人的内心独白，是一片肺腑之言……所以无论何时，都应该怀有一颗感恩的心。

我们只要能够拥有一颗感恩的心，就可以提升自己的心智，净化自己的心灵。你感恩生活，生活就会赐予你明媚的阳光；你若一味地怨天尤人，结果只能是万事蹉跎！在水中放进一块小小的明矾，就能将所有的杂质沉淀出来；只要我们能在心中培植一颗感恩的心，就可以沉淀出许多浮躁和不安，就可以消融许多不满与失意。因为感恩是谦卑的态度和积极向上的思考。当一个人懂得感恩时，便会化作一种充满爱意的行动，在生活中实践。同时，感恩也不是简单的报恩，它更是一种责任、自立、自尊，是一种追求阳光人生的精神境界！

我们每一个人对于幸福的体验以及追求都会有所不同。饥寒交迫的人认为能一生衣食无忧便是幸福；生活富足的人坚信精神的充实才是最大的幸福；身有残疾的人觉得能拥有健全的肢体就是幸福。我们总是无法从当下、从手中实实在在握着的东西中寻找幸福、感受幸福。最大的幸福似乎永远在离我们很远的地方，仿佛只有千山万水的阻隔才能给予我们波澜壮阔的遐思。

因为生活中我们有太多的缺憾，我们才会有更多美好的追求，我们才不会停止前进的步伐。其实，生活本身就是一种幸福，只要人人心中都萦绕着歌曲《感恩的心》："我来自偶然，像一颗尘土，有谁看出我的脆弱？我来自何方，我情归何处，谁在下一刻呼唤我？天地虽宽，这条路却难走，我看遍这人间坎坷辛苦。我还有多少爱,我还有多少泪,要苍天知道我不认输。感恩的心,感谢有你,伴我一生,让我有勇气做我自己。感恩的心,感谢命运,花开花落,我一样会珍惜……"我们每一个人,其实根本没有必要过于奢求什么,不必过分地抱怨生活的不平、命运的不公、造化的弄人;相反,我们应该常怀一颗感恩的心。我们不但要感恩大自然,感恩父母兄弟,感恩师长爱人,感恩朋友路人,甚至还要感恩我们的对手,感恩我们深恶痛绝的敌人。一言以蔽之,我们要感恩这个世界上一切事物。

首先,我们要感恩自己的父母兄弟姐妹。父母给予了我们生命,是他们将我们养育成人,世界上最伟大而崇高的亲情,是父母给予的,是他们让我们真正懂得了什么是骨肉至亲;世界上最无私的真爱,是兄弟姐妹给予的,是他们让我们懂得了什么是手足情深。当你遇到人生的艰难、生活的不幸时,是谁第一时间赶到你身边和你分担痛苦?那一定是我们的父亲母亲,一定是我们的兄弟姐妹!

其次,我们还应该感恩老师,是他们给了我们打开知识宝库的钥匙,给了我们在人生大海上奋力拼搏的船桨,为我们照亮了人生的道路;我们还要感恩长辈,是长辈让我们知道了什么是人伦道德,什么是"老吾老以及人之老,幼吾幼以及人之幼";我们更应该感恩自己的爱人,是他们与我们牵手同行,伴我们共走过人生的风雨,是他们与我们共同承担起赡养老人的义务,一道肩负起养育子女的责任,是他们与我们无怨无悔地相濡以沫。

再次,我们要感恩身边的朋友。所谓的"岁寒知松柏,患难见真情","路遥知马力,日久见人心"。一个真正的朋友,让你能够永远都有一种坚实的依靠,他们不仅愿意和你同甘,而且能够和你共苦,甚至用生命来践行对你的承诺;我们要感恩陌生的路人,虽然,他们不是你的亲人,不是你的师长,不是你的爱人,但是在不经意间,你会和他们在某一段生命的路途上相伴而行。你们可以聊聊天;可以在遇到坎坷不平时互相搀扶着艰难前进;可以在需要跋山涉水时,并肩前行,携手拼搏。虽然他不会陪你走完人生的全部旅程,但不论是平淡无奇，还是扣人心弦，他陪你走过的这一段路程，都会在你生命中留下或深或浅的痕迹。

最后，我们也应该感谢那些我们深恶痛绝的对手，是他们砥砺了我们的意志，让我们明白还有人在对自己耿耿于怀，还有人在对自己虎视眈眈，让我们丝毫不敢放松警惕，我们只有擦亮猎枪，磨亮戈矛，强健躯体，练就一副火眼金睛，才能在斗争中取得最后的胜利。正是因为对手的存在，我们才能一天比一天强大，一日比一日聪明，才能最终在生存的竞争中，获得更加有利的条件，得到更多更好的机会。所以，虽然他们是我们的对手，我们仍然要感恩他们。

让我们在心中共唱一首歌曲——《感恩的心》吧！这世界就不再是穷山恶水，生活就不再是味同嚼蜡，人生就不再有波涛汹涌，生命也就不再是暗淡无光了。

让我们大家都常怀一颗感恩的心吧，这样才能发现生活的美丽、世界的美好，才能永远快乐地生活在温暖的阳光里！

主动结交更多的朋友

一个人可以缺少财产，但绝不可以缺少朋友。

一个人如果拥有许多朋友，他将具有比别人更大的优势，这种优势体现在生活中的方方面面，能够让人因为分享到他人的快乐而变得更加快乐，能够让人因为分担到他人的苦恼而减轻别人的痛苦。

某经纪公司的老总王先生，20年前大学毕业白手起家，一直打拼到现在，虽不能说取得了多么大的成就，但也算是做出了些成绩，不仅有车有房，而且还开了分公司。拥有这样的条件，按理说王先生应该感到知足和幸福了。然而，王先生却总觉得生活中缺少了些什么。

有一天，王先生和妻子因为一点小事吵架了，想找个朋友聊一聊。可突然发现，他身边却没有一个朋友能聊聊真心话。相反，吃饭谈生意、托门子、找路子的"伙伴"倒是有不少，但这些所谓的伙伴和他都是利益关系。王先生这时候才明白，原来他生活中缺少的恰恰就是真心朋友。

王先生大学刚毕业的时候，有两个真心好友：一个叫"柱子"，是他的同窗，两个人住一个宿舍。大学期间，他们无话不谈，但毕业后，王先生由于将全部心思都扑在了事业上，很少和"柱子"联系，"柱子"曾经几次主动联系过他，想和他叙叙旧，无奈王先生因工作太忙，一直都没能赴约，久而久之，二人就渐渐失去了联系。

王先生还有一个好朋友老张，是他创业初期的伙伴，他们一起白手起家，一路上肝胆相照，可惜因为一次工作上的意见分歧，二人分道扬镳，从此以后便失去了联系。王先生回想起来，非常后悔，虽然他在事业上小有成就，但却失去了朋友，失去了友情，心情特别失落。

不论手上有再忙，有再重要的工作，都要记得和好朋友们保持联系，哪怕只是打个电话聊聊天，或者吃个简单的便饭。即使你和朋友选择的道路不同，也不应该放弃你们的友情。换个角度来说，如果你有这样忙于工作、无暇分身的朋友，也请不要责备他，并去理解他，因为他也很寂寞。请牢记，友情是无价的，其他任何事情都无法替代朋友带给我们的幸福。拥有了真心的朋友，才可能拥有真正的快乐。

友情是需要寻找、培养和保持的。我们都不想步孤独者的后尘，应该怎么做，才能主动结交一些朋友呢？

俗话说："万事开头难。"在彼此事先相约或相知的过程中，人们通常是用约定俗成的一些寒暄用语，如相互问候、互表敬慕的话来开头，以缓解初次见面的拘谨。但是在自然而然、又无人介绍的场合下，就需要试探人，首先观察环境，寻求与被试探人对环境的共同感受，然后确定第一句话该说什么。如排队买票时，可说："今天是怎么回事啊，这么慢！"尽力找准双方的共同语言。

此外，求助的方式也是结交朋友的一个很有效的方法。如在餐厅同一张餐桌上，恰如其分地说："对不起，麻烦您帮我照看一下位置，我去去就来。"这就是一种典型的求助式询问，要注意，求助的内容应该是对方可以很容易就能做到的，而且在得到他人帮助后应及时表达感谢。

结识双方能否由陌生走向熟悉的关键一步是扩展，想要以一种愉快、轻松、随意的方式与对方交谈。一般是以询问方式作为开头。比如："你买去哪儿的票？""你来这儿旅游吗？"询问的目的是为了发现与对方的共同点，这样，你就可以继续带出一些双方都感兴趣的话题。比如："你要去的地方我已经去过多次，非常熟悉。""真羡慕你，我要是也能有时间到处转转就好了。"

当与新认识的朋友握手告别时，你可以把自己的电话号码告诉对方，也可以打开自己的备忘录请对方写下自己的住处。毫无疑问，当你找上门的时候，因为你们已经不再是陌生人了，对方一定会热情款待。

在社交场合中，除了以上几种方法之外，遇到陌生人时你还可以通过下列方法结识新朋友。

第一，说出自己真实的感受。坦白说出"我很害羞"或"我在这里谁也不认识"，比拘谨或故意装清高要好得多。

第二，以当时的活动或情况为谈话的话题。例如在商场里，你可以说："今天不是节假日，人也这么多哦！"在电影院里，你可以说："我听说这场电影的男一号有可能得到今年的奥斯卡奖提名。"

第三，不吝惜自己的赞美之言。例如在洗衣店里，你可以说："这件衣服款式很好看。"

第四，以对方正在做的事作为自己的兴趣点。例如在火车或飞机上，邻座正在看书，你可以说："我之前听朋友说起过这本书，但是没有拜读过，你感觉这本书怎么样？"

第五，为对方做些力所能及的小事。例如在火车或飞机上，你可以把报纸、杂志借给邻座，或请对方分享食品。在聚会的场合，哪怕你只是为不认识的人拿杯饮料，你们很快就会聊上了。

第六，适当地表达自己的情绪。例如在等着就医时，你可以跟邻座说："我现在特别紧张，你呢？"

第七，主动打招呼，并做自我介绍。例如你可以说："我的家乡是×××地方，我现在跟您同行。"或者可以说："我刚搬来，是您的新邻居。"

这种坦诚热情的态度在哪里都很有效。

当我们结识了一些朋友之后，又该怎样努力地维持和朋友之间的关系，呵护这来之不易的友谊呢？

对于朋友，我们应该主动去联系。如果你的电话不会经常响起，那你就主动打出去吧。很多时候，一通电话会带给你意想不到的收获，电话不是花瓶，更不是摆设，它是帮你守护友谊的重要工具。当交到新朋友之后，也不要忽视了老朋友，记得常常保持联络。

对于朋友，我们还应该主动去关心。当我们通过一些途径知道朋友的一些信息，比如他们的生日时，就要记在心里，然后在朋友生日的时候送去一份真心的祝福。当朋友遇到困难的时候，我们应该毫不犹豫地伸出援手，尽自己的所能给朋友予帮助。

一位哲人曾经说过这样一句名言："两个人分担一份痛苦，那就只有半份痛苦；两个人分享一份快乐，那么就有两份快乐。"朋友，不仅给我们带来了快乐，也让我们的心情变得更舒畅、生活变得更丰富、眼界变得更开阔。所以，想要获得快乐，就要懂得如何和他人成为朋友。

多行善举，是一生要修的功课

只要我们每个人对别人充满爱心，就能够唤醒大家的感恩之心。

有一对夫妻常年在外地打工，春节时好不容易买到了返乡的火车票，可上车后却发现已经有一位女士坐在了他们的位子上，丈夫示意妻子坐在她旁边的位子上，却没有请那女士让位，妻子起初并不能理解，坐定后仔细一看，发现那位女士右脚有点儿不方便，这才恍然大悟。

下车后，妻子心疼地对先生说："让位是善行，但是你要站这么长时间，中途你大可请她把位子还给你，换你坐一下呀。"丈夫却说："我们只是这3个小时很不方便，相比之下，人家已经不方便一辈子了呀！"

妻子听了丈夫的话后十分感动，觉得整个世界都变得温暖了许多。

"我们只是这3个小时很不方便，相比之下，人家已经不方便一辈子了呀！"多大气的一句话！它将善念传导给他人，影响周遭的环境氛围，让世界变得更加美满。

你若对我有情，我就会对你有义，整个世界都遵循着这样一种规律，因此，人如果想要获取幸福，就应该多行善举。在这个世界上，再强大的人也有需要帮助的时候。

有一个刚刚搬了新家的单身女子，她的新邻居是一个带着两个小孩子的寡妇。有天晚上，突然停电了，女子只好找出蜡烛点了起来。

不久，女子听见有人在敲门。她打开门一看，原来是隔壁邻居的小孩子，只见他紧张地问：阿姨，请问你家有蜡烛吗？女子心想：他们家竟穷到连根蜡烛都买不起吗？千万别借他们，免得以后被他们赖上了！于是，便对邻居的孩子吼了一句："我们家没有蜡烛！"

令她万万想不到的是，就在她正要关上门时，那个小孩绽开可爱的笑容说："我就知道你家一定没有！"说完，竟从怀里拿出两根蜡烛，说："妈妈说怕你一个人住又没有蜡烛，所以让我带两根来送你。"此刻，自责和感动充盈了女子的内心，她热泪盈眶地将那小孩子紧紧地拥在怀里。

再看一个故事：

有一个男孩子，家境十分贫困，为了能够积攒学费，挨家挨户地推销商品。傍晚时，他感到疲惫万分、饥饿难挨，而他推销得却十分不顺利，他甚至有些绝望了。这时，他敲开一扇门，只希望向房子的主人讨一杯水喝。开门的是一位美丽的年轻女子，令男孩感激万分的是，她给了他一杯浓浓的热牛奶。

这位小男孩下决心一定要好好努力奋斗，有机会报答女子的恩情。若干年之后，他成了一位著名的外科大夫。一天，有一位患病的老妇人，因为病情严重，当地的大夫都束手无策，她便被转到了这位外科大夫所在的医院。在为妇人做完手术后，外科大夫惊喜地发现那个妇人正是多年前在他饥寒交迫时，热情地给他那杯热牛奶的年轻女子，当年正是她的帮助使他燃起了对生活的信心。故事的戏剧性结尾是，当那个妇人正在为昂贵的手术费发愁时，她却看到手术费清单上写着这样一行字：手术费＝一杯牛奶。

"善良"这个词汇，其实既单纯，又有强大的力量。它浅显易懂，与人终生相伴，但愿我们能常追随它、善用它，多行善举，自己幸福，也让幸福伴随身边的每一个人。

不吝啬自己的赞美

对他人的赞美不仅能给他人带来快乐，也能给自己带来快乐。

赞美在人际交往中往往可以起到出人意料的作用，即使遇到了很糟糕的事需要处理时，赞美的效果往往也比批评和责备好上很多倍。因为责备和批评只会带来更大的怨恨和不满，如果你想让自己与他人的人际关系更加和谐，就应当首先让自己与他人相处得更加快乐，那就不妨尝试用夸奖的方式来改善自己的人际关系和现状。

王小姐和李小姐在同一家公司工作，二人素来不和。有一天，王小姐忍无可忍地对另一个同事梁先生说："你去告诉李小姐，我真受不了她的坏脾气，请她好好改改，否则没有人会愿意理她的！"

梁先生说："好！我会把这件事情处理好的。"

几天以后，当王小姐遇到李小姐后，发现李小姐果然变了很多，对自己是既和气又有礼貌，和以前相比简直判若两人。二人的关系也因此迅速地好转。

王小姐向梁先生表示谢意，并且好奇地问："你跟李小姐说了些什么呀？竟如此见效。"

梁先生笑着回答："我跟宋小姐说：'有好多人称赞你，尤其是王小姐，说你既温柔善良，又有一副好脾气，人缘更是没的说！'

就是这些而已。"

在处理这件事情上面，梁先生就很好的使用了"赞美"这一强有力的武器。需要注意的是，只有实事求是的赞美才是受人欢迎的，而奉承、献媚、虚夸的赞美会令人感到厌恶。因为赞美需要的不是虚伪的花言巧语，而是出自真心的敬佩。一个人如果毫无根据地胡乱赞美一通的话，那只会被人当作是一个阿谀奉承、表里不一的人，好事也会变坏事。赞美需要爱心，没有爱心的人，整日只斤斤计较自己的得失，不会去关心别人的一切，更不可能去赞美别人，赞美需要有胸怀和气度，赞美需要有海纳百川的宽容和包容。心胸狭隘的人，只会无限放大别人的缺点，而对别人的优点熟视无睹甚至全盘否定，试问，这样的人怎么可能会赞美别人，又怎么可能因此给自己带来快乐呢？

若是怕难以启齿而不愿意当面称赞对方的话，可以在朋友的面前大方地赞美所想要称赞的对象，通过第三者对对方的肯定，能够缓解甚至消除受到称赞的人的尴尬，对方也会更乐于接受来自第三者对自己的肯定。

播撒一颗颗快乐的种子

席勒说:"世界上唯一能成倍增加幸福的办法是将其分摊。"

如果你整天以一副愁苦的面孔对待别人,那别人便会以同样的面孔对你,你看到的只有更多的愁容;相反,如果你对他人始终以笑脸相迎,就会看到更多的笑脸,你的心情也会加倍舒畅了。

古时候有一个国王,对儿子非常溺爱,总是想方设法地满足儿子的一切要求。可即使这样,他的儿子仍整天一副面带愁容、眉头紧锁的样子。国王便在全国悬赏,希望能够寻找到给儿子带来快乐的人。

一天,一个魔术师来到王宫,对国王说自己有能够让王子快乐的办法。国王很高兴地对他说:"只要你能让王子快乐,你的任何要求我都可以满足。"

魔术师带王子进入一间密室,用一种白色的东西在一张纸上写了些什么,然后将纸片交给王子,让王子走入一间暗室,然后燃起蜡烛,注视着纸上的一切变化,纸上会慢慢地显现出快乐的处方。

遵照魔术师的吩咐,王子在燃起蜡烛之后,在烛光的映照下,他看见纸上美丽的字迹:"每天为别人做一件善事!"按照这一处方,王子开始每天做一件好事,当看见别人微笑着向他道谢时,他

第6章 爱他人,爱世界

突然变得开心起来。没过多久,他便成了全国最快乐的人。

快乐的源泉是给予。给别人带来快乐的同时,我们自己也会处于快乐的氛围之中。快乐是可以分享的,给别人带来的快乐越多,得到的快乐也就越多。你把幸福分给别人的越多,你得到的幸福就会越多。同样,如果你把痛苦和不幸分给别人,那你也只能得到痛苦和不幸。

涅克拉索夫是俄国著名的诗人,他在长诗《在俄罗斯,谁能幸福和快乐》中写道:"诗人找遍俄国,最终找到的快乐人物竟然是枕锄瞌睡的农夫。"是的,这位农夫有强壮的身体,能吃能喝能睡,从他打呼噜的声音中和他打瞌睡的眉目里,流露出的是由衷的开心。这位农夫之所以能如此开心,原因不外乎有以下两点:一是劳动能给他带来快乐和开心,二是知足常乐。正是因为农夫付出的劳动能让别人快乐,所以他才能成为最快乐的人。付出快乐最多的人,往往收获的快乐也最多。

在生活中,我们在过分苛求时大都会萌生失意和烦扰,如果你是一个施人以爱、赐人以福的人,当别人的精神愉悦之后,快乐和幸福就会最终回到你的身边。

在一家餐馆里,一位老婆婆点了一碗汤,在餐桌前坐下后,她突然想起忘记取面包了,于是她急忙起身回去取面包。可是当她返回餐桌时,却吃惊地发现:自己的座位上坐着一位中年男子,正在津津有味地喝着自己那碗汤。

"这个无赖,他有什么权利喝我的汤!"老太太心里气呼呼地想,"但是,也许他太穷了,太饿了。我还是别言语算了,不过,也不能让他把汤全都一个人喝了。"

于是,老太太装作若无其事,与中年人面对面地坐下,另外又拿了一把汤匙,不声不响地也喝起了汤。就这样一碗汤被两个人你一口、我一口地喝完了。两个人互相看着，都不说话。这时，中年人突然站起身来，将一大盘面条，放在老太太面前，又拿来了两把筷子分给老太太一把。

两个人继续你一口、我一口地吃着，吃完后，各自起身，准备离去。

"再见。"老太太热情地说。

"再见。"黑人友好地回答。他显得既非常愉快，又特别欣慰。

中年人走后，老太太才发现，旁边的一张餐桌上，放着一碗无人喝的汤，而这碗汤才恰恰是她自己点的那一碗。

关心自己，追求幸福，是人的本性之一，然而也不要忽视了对他人的关怀，让别人也能感受到幸福，唯有主动付出，才有丰盈的果实得以收获。别人站得远，我们就走近一点，距离便会缩短一些；别人若冷漠，我们就热情一点，就会让彼此靠近一些。慷慨无私地为别人着想，就像播种一样，总能看到收获，尽管这种收获有时并不是直接获得的，但是重情义、有良心的受益者会把爱的种子深埋在心底，牢记一辈子。

人们因为自私，不肯为了帮助别人而牺牲自己一丁点儿的利益，结果却使自己失去更多的东西。其实，帮助别人就是帮助自己，为别人付出的同时，快乐和幸福便会进入你的心中；如果困守在自设的牢笼中，不肯接受也不愿意付出，就像在真空中一样，很可能使自己窒息。

第6章 爱他人，爱世界

帮助别人，快乐自己

在遇到困难的时候，每个人都想得到别人的帮助，最好的方法其实很简单，那就是尽自己最大的努力去帮助别人。

发生了堵车事件的路口，其实当时并没有多少车辆，只因为那儿的红绿灯坏了，人们便谁也不肯让着谁，争着往前开，结果许多车横在路中间，弄得谁都过不去。如果当时大家能够互相谦让，形成一个良好的秩序，道路可能早就畅通了。

有这样一则故事。

有人曾和上帝谈论天堂与地狱的问题。上帝对这个人说："来吧，我让你看看什么是地狱。"他们走进一个房间，只见一群人围着一大锅肉汤。每个人看来都营养不良、绝望又饥饿，每个人都拿着一只可以够得着锅的汤匙，但汤匙的柄比他们的手臂长，没法把东西送进嘴里，他们看来都非常悲苦。

"跟我来！我再让你看看什么是天堂。"上帝说。他们进入另一个房间，这个房间和第一个没什么不同：一锅汤、一群人、一样的长柄汤匙。但每个人都很快乐，吃得很愉快。因为他们互相用自己的汤匙舀肉汤去喂对方。

因为自私，人们不肯帮助别人，不肯为别人而牺牲自己的一丁点儿利益，结果却是害人不利已，自己失去了很多。其实，帮助别人就是帮助自己，为别人而付出的同时，快乐使会进入你的心中；相反，如果困守在自设的真空中，不肯接受帮助也不愿意付出，那很有可能使自己窒息，很有可能像地狱中的人们一样，守着食物饿死。

有一只在外面闲逛的蚂蚁，忽然被一阵强风从地上卷了起来，吹到池塘里面去了，因为它不会游泳，只能在水里奋力挣扎，一边扑腾，一边大喊救命。

这时，一只正好经过池塘的鸽子，听到了"救命啊！救命啊！"的喊声。于是停下来，想找到声音的来源。在水池中挣扎的蚂蚁看见鸽子停了下来，便拼命喊道："我在池塘里呢，快救救我啊！"

看到在池塘中奄奄一息的蚂蚁，鸽子赶忙叼了一片树叶丢到了池塘中。蚂蚁使出全身力气费劲地爬上了树叶，然后随着树叶慢慢地漂到池塘边，才算是捡回一条命。蚂蚁心存感激地对鸽子说道："谢谢你救了我，我一定会报答你的救命之恩！"

这件事情过去了很久，有一天，蚂蚁正在外面寻找食物，突然看见森林里一个猎人正在用枪瞄准树上的一只鸽子。蚂蚁定睛一看，猎人瞄准的，正是曾经救过自己性命的那只鸽子。

而鸽子此时正在树上休息，并没有觉察到猎人正在瞄准它。

在这样的危急关头，蚂蚁不顾一切，快速爬到猎人脚下，狠狠地咬了他一口，猎人疼得大叫，手一颤，把正在瞄准鸽子的枪掉在了地上，鸽子一下子被惊动了，吓得它立即飞走了。

虽然这只是一个童话故事，但所反映的道理却值得人们深思。不管何时，不管何地，只要我们有所付出，就一定能够得到回报。

帮助他人就等于帮助自己。当我们在生活中为别人付出的时候，本身也会体验到这种付出带来的快乐，因为付出本身也是一种快乐。为别人付出我们的爱心，就种下了希望，迟早会有硕果累累的一天，最终我们一定能够品尝到丰收的喜悦。

爱让人充满快乐和力量

爱心是一切成功的最大秘密，它具有强大的力量。爱一旦成为最强大的武器，就没有人能抵挡住它的威力。

艾森豪威尔将军是二战中的盟军统帅，有一天，他乘车回总部参加紧急军事会议。天气异常寒冷，空中飘舞着鹅毛大雪，地上的积雪也被碾成了冰，行走起来十分困难。汽车在冰面上行驶也得小心翼翼的。忽然，他看到一对法国老夫妇在路边，佝偻着身子，看样子冻得十分厉害。他赶紧命令身边的翻译官上前去询问有什么可以帮助的。坐在车上的参谋急坏了，赶紧阻止说："我们的会议马上就要开始了，这时候耽误了时间肯定要迟到了，把他们交给当地警方处理吧？"艾森豪威尔听了，丝毫没有犹豫，他坚定地说："不行。我命令你立刻下车处理这件事。等当地警方来帮助他们的时候，没准他们就已经冻死了！"没办法，参谋和翻译官只好下车去问个究竟。原来，这对老夫妇正准备去巴黎投奔自己的儿子，但因为天下了大雪，路面结冰导致车子抛锚，前不着村，后不着店，不知如何是好。于是，艾森豪威尔立即把这对老夫妇请上车，特地绕道把他们送到巴黎之后，才风驰电掣般地赶去参加紧急军事会议。

尽管艾森豪威尔行善的动机根本不是为了得到回报，然而，他的善心义举却给他带来了意想不到的巨大回报。原来，那天有几个德国纳粹狙击兵正虎视眈眈地埋伏在艾森豪威尔原先路线中的必经之路,如果不是因善行而改变了行车路线,他恐怕就很难躲过这场劫难。如果艾森豪威尔因遭伏击而身亡,那么很可能就会改写整个"二战"的欧洲战史!

没有爱心的人不会取得辉煌的成就。不愿奉献、不能忍让、对人冷淡、缺乏爱心的人,都不太可能得到别人的支持;一旦失去别人的支持,就会陷入失败的境地。爱心有多大,成就就会有多高。

在这个几乎都是黑人的居住区,却有一位白人女作家远近闻名,她并非和他们住在一起,而是住在三英里之外。这儿有个偏僻小站,每两小时才来一趟公交车,而且这些公交车司机们都有一种默契,有白人等车时才会停车。这个女作家的住处前面也有一个车站,可是为了让这个居住区的黑人每天能够顺利地坐上公交车,她每天坚持走三英里来这里等车,日复一日,风雨无阻。

一个没有太阳的冬日早晨,刺骨的寒气悄悄地渗进候车人的骨髓,等车的黑人们有的翘首远方,有的抬头望望阴霾的天空。这时,远处不紧不慢地开过来一辆中巴。奇怪的是,他们之中没有一个人上车,似乎并不急于上车,都站在原地翘首更远的地方,似乎还在企盼着什么。原来,她还没有来。这时,远方隐隐约约出现了一个身影,人群开始骚动。是她,她终于来了。她走得很快,有时还一阵小跑,最后,黑人们集体簇拥着送女作家上了车。她日复一日,风雨无阻。

正是因为具有这种爱的力量,女作家才会如此自然地做着他人觉得不可思议的"难"事。

如果一个人能够用爱心无偿地给予别人服务和帮助,他的生命就一定充满着喜悦和快乐,他的人生就一定闪烁着不平凡的光彩。我们都不是伟人,但是我们可以将爱心赋予生活中每一件平凡的小事上。

"独"快乐，不如"众"快乐

我们能够走向幸福人生的条件之一，就是把分享作为人生的信条。

汤姆在乡下的住宅附近有一片天然洼地，形成了一个美丽的莲花池。汤姆坚称在乡间的宅邸是自己的农场，远处山丘上蓄水池中的水流入这片洼地，其间还要通过一个可调节水流大小的阀门开关。一切看起来是那如此和谐、美丽，到了夏天，莲花怒放，田田的荷叶就会铺满澄澈的水面，鸟儿们在池中自由嬉戏，一整天都能听到它们欢快的啼鸣，蜜蜂则在花园中的野花中忙碌不辍。极目远眺，池塘的后面是一片更加美丽的丛林，野生的蕨类植物、灌木、浆果争相生长，一派繁茂景象。

虽然汤姆只是一个平凡的普通人，但却拥有着一颗博爱的心。在他的"领土"上，你看不到任何标有"私人所有，不得擅入""擅入必究"的字样。取而代之的是原野尽头那让人备感亲切的标语——"这里的莲花欢迎你"。他之所以能够得到所有人的由衷爱戴，是因为他真诚地爱着所有人，并愿意与他们分享自己的所有。

人们在这里经常能碰到正在玩耍的天真无邪的孩童，还有风尘仆仆、步履蹒跚的旅人，不止一次看到他们离去时脸上那与来时全然不同的神情，仿佛卸下了身上的重负，直到现在他们离去时的低声呢喃和祝福似乎还萦绕在人们的耳边。甚至有些人把这里称为世外桃源。闲暇时作为主人的他也会在此静坐享受夜晚的寂静。每当夜晚外人离去后，他在皎洁的月光的映照下在园中往来踱步，或者伴着馥郁的野花香坐在老式的木质长椅上喝饮料。他是一个具有一切美好品质的人。用他自己的话说，这里经常带给他莫名的感动，是他一生中最伟大、最成功之处。

这里散发出的友好、亲善、欢欣与宁谧的氛围甚至感染了附近的生物。牛羊们会漫步到树林边古老的石栏下，张望着里面美好的景致，它们似乎真的是在跟人们一起共享这份温馨。动物们面带微笑表现出内心的欢欣愉悦和心满意足，每当此刻汤姆也会露出会心的微笑，表示他能理解它们的心满意足和欢欣愉悦，或许这也恰恰是他的心中所求吧。

原本水源的供给就十分丰沛，他又总是把水池的进水阀开到最大，让水流蜿蜒而下，不仅在栏边驻足的牛羊能饮到甘甜的山泉，还能够惠及邻家的田园。

不久前汤姆因事不得不离开大约一年的光景，这段时间里他把房子租给了另外一个男人，新租客是位非常"实际"的人，只要是无法给他带来直接利益的事，他就一定不会去做。他关闭了连接莲花池与蓄水池之间的阀门，土地因此再也得不到泉水的滋润和灌溉；他移走了杰克立起的"这里的莲花欢迎你"的标语；嬉戏的孩童和欣慰的旅人再也没有在池边出现。这里发生了天翻地覆的变化，再不复往昔林木欣欣向荣、泉水涓涓而流的样子。因失去了赖以生存的水源，池里的花朵日渐凋零，只有伏在池底烂泥上枯萎的花茎仿佛在向人们诉说着往日的繁茂。原本在清澈的池水中悠然游动的鱼儿早已化为枯骨，走近池边便能闻到它们发出的腥臭。岸边没有了绽放的鲜花，鸟儿不再在此停留，蜜蜂们也纷纷在其他地方筑巢，园中亦不见蜿蜒的流水，栏外成群的牛羊再也没有甘甜的清泉可供饮用了。

今天的莲花池与汤姆悉心照料的莲花池有天壤之别。到底是什么原因造成了这天翻地覆的变化？细究之下，原因其实微不足道，仅仅是因为后者关闭了引水的阀门，阻止了来自山腰的水流。这个看上去简单的举动，斩断了一切生物的生命之源。它不仅直接将生机盎然的莲花池毁掉了，还间接地破坏了周围的环境，将周围邻居们与动物们的幸福一手毁掉了。

读完上面的故事之后，你是否对生命的真谛有了新的理解？在这个莲花池的故事中，汤姆博爱的胸怀才是宇宙间最真、最善、最美的东西。

其实，故事里的莲花池跟你我的生命是不可同日而语的，因为它的生命不由自己决定，完全掌握在他人之手，只有依赖别人替它打开水阀门才能生存下去。与莲花池的无助相比，我们的生命则强大许多，我们至少可以自由决定从外界汲取的能量及信息，只有我们自己的思想能够掌握我们的人生。

加利利海和死海是以色列的两个内海。它们虽然相隔不远，但周围的景致却是大不相同，加利利海一片生机盎然，而死海周围却是"海"如其名，一片死气沉沉。归根结底，是加利利海不像死海那样只进不出。

死海海拔大约负392米，它的周围是一片无垠的沙漠，对岸则是约旦的领土。死海的水中含有很高的盐分，因此海水密度很高，当人们掉进海水里时，身体会自然浮起而不会淹死。死海中没有鱼类生存，也不存在其他任何生物。

加利利海是一个淡水湖，因耶稣基督曾在此地渔猎而享有盛名，有很多生物在海中生存。海中盛产一种"圣彼得鱼"，虽然这种鱼外观丑陋，但是肉质鲜美，是该地著名的特产。加利利海海边餐厅林立，都以售圣彼得鱼为主，旅客们在欣赏美丽的自然风光的同时，还常常在此大饱口福。

加利利海岸边的老树枝叶繁茂，树上百鸟云集，啼声悦耳，是一个生机盎然的美丽世界！而死海在相比之下则没有这么活跃。没有任何生物在其中生存，周围因此也没有半棵树，更听不到鸟儿的鸣叫，在死海上空呼吸都让人觉得沉闷透不过气，也从来没有一只在沙漠中生活的动物到岸边去喝过水，人们正是因为这样的原因，才会将它命名为"死海"吧。

为什么两者之间会形成如此大的反差呢？

先哲们这样解释：加利利海不像死海那样只进不出。约旦河流入加利利海之后，又从加利利海流出，最后流入死海。对于加利利海而言，它接受了多少东西，也会给别人多少东西，所以一直富有生机，而约旦河的每一滴水最终都会被死海所占有。

因为死海只进不出，把所有的东西都占为己有，所以，生物都不愿意在其中生活，于是就会呈现出死气沉沉的景象。水不流，鱼不栖，没有任何生物饮水，只取而不予，这是十分反常的现象。也正因为如此，所以，死海才会"死"在那里。在人的一生中，也常常会遇到很多人，他们像死海一样，只索取而不给予。

所以，人千万不能学死海，只进不出，应该像加利利海那样活跃，经常给予他人。聪明人的处世之道是有进有出。任何人都不应当妄想自己占据一切。

分享对于每个人而言，都是一个很重要的观念。既要接受人家的给予，同时也要注意把自己的东西给予人家，不然就会像死海那样，内心的心河一片死寂，最终只能干涸。

幸福的意义在于付出，而不是索取

在这个人情味十足的社会中，分享有利于提升我们的形象、改善我们的生存环境，有利于我们立足并长远发展。

人只有懂得付出，才会感受到不计回报的单纯的满足，才能把快乐升华为幸福。

即便拥有了爱情、金钱、荣誉和成功，你也不一定会拥有幸福。只有给予和付出，你才能实现幸福这一人生的至高追求。

有个人在沙漠中迷路了，他饥渴难忍，仍然拖着沉重的脚步，一步一步地向前走。走了很久，终于找到了一间废弃的房屋。这间屋看上去很久无人住，任凭风吹日晒，已经摇摇欲坠了。

忽然，他在房屋前发现了一个吸水井和一个水壶，水壶壶口被木塞塞住，壶下有一个纸条，上面写着："你要先把这壶水灌到吸水器中，然后才能打水，但是，你一定要把水壶装满才可以离开。"

这个人小心翼翼地打开水壶塞往里面一看，里面果然是满满的一壶水，然而他却面临着艰难的抉择，是把这壶水喝下去，保住自己的生命，还是该按纸条上所说的去做，把这壶水灌到吸水器中。

突然，他仿佛被一种奇妙的感觉所控制，他下决心照纸条上的话做，果然吸水井中涌出了泉水，他痛痛快快喝了个够！

畅饮一顿之后，他又把水壶装满水，塞上壶塞，在纸条上加了几句话："请相信我，纸条上的话是真的，想要品尝到甘美的泉水，你一定要先把自己的生命置之度外。"

爱是无价的，付出爱的人并非为了获得回报，然而却总能得到回报。爱是可以传递的，如果每一个人都能献出自己的爱，并不断地将它传递下去，世界将变得无限美好。

几乎每个人都听说过古罗马的大斗兽场的威名，那里面已经发生过千百次人兽相搏的惨剧，人们早就没有兴趣想象具体的情形了。至于那里出现过的一次奇迹，却很少有人听闻。

有一次，在斗兽场上，人们把饿了好几天的狮子放了出来。当时，缩在墙角的囚徒罗支·莱斯颤抖着拎起长矛，默默地祈祷。他知道自己命将休矣，只求眼前这头狮子能给自己留下一个全尸。

饿极了的狮子一眼就瞅到了墙角的猎物，仰天长啸一声之后，它便迫不及待地猛扑上去。罗支莱斯眼睛一闭，把长矛向前一刺，狮子却灵巧地避开了。就在这千钧一发之际，那只狮子却突然停止了进攻，开始围着罗支·莱斯打起了转转。然后它又忽然停了下来，在罗支·莱斯身边慢慢地卧了下来，并且温顺地舔着他的手和脚。

看到这番情景，全场顿时鸦雀无声，随即猛地爆发出热烈的欢呼声。罗马皇帝也大为惊讶，破例把罗支·莱斯叫上看台来想问清楚是怎么一回事。

原来，罗支·莱斯在三年前曾经在路边发现了一只受了重伤的狮子，他小心翼翼地给狮子包扎了伤口并一直照料它到伤口痊愈，才将它送回森林。罗支·莱斯今天在斗兽场里遇见的恰恰就是这只狮子!

　　罗马皇帝听了罗支·莱斯的讲述，大为感动，立即宣布将罗支·莱斯赦免。

　　给予等同于获得，在你付出某件东西的同时，也一定会得到另一件东西。付出微笑，收获快乐；付出善良，收获美好。

　　付出有很多种类，也有很多不同的方式。有一种付出是对世界的看法、对生活的态度。正是这种人生的态度，决定了你一生是否幸福。我们大多时候是在为自己而付出，通过付出自己的汗水和辛劳来换取应得的回报；我们在生活中也常常需要另外一种付出——为他人付出，通过付出自己的善良与爱心获得精神上的满足。

　　生活就是如此，当你对他人给予了，你的生活就会因此而得到快乐，人生也会因此而得到升华，幸福也会因此而加倍。

　　一个精明的法国花草商人，从遥远的非洲千里迢迢引进了一种名贵的花卉，准备在自己的花圃里培育，准备到时候卖个好价钱。商人对这种名贵花卉极其爱护，许多亲朋好友向他索要，一向慷慨大方的他此时却连一粒种子也不肯赠与别人。

　　第一年的春天，他的花圃里盛开了很多花朵，姹紫嫣红，那种名贵的花开得尤其漂亮。次年春天，他已经繁育出了五六千株这种名贵的花，但他发现，今年的花没有去年开得好，花朵有一点杂色不说，还比去年的略小。到了第三年，虽然已经繁育出了上万株名贵的花朵，但是令他沮丧的是，那些花的花色相差很多，花朵也变得更小了，完全没有了它在非洲时的那种雍容华贵。他也并未靠这些花朵大赚一笔。

　　难道是因为这些花退化了吗？可是非洲人年年也是种养的这

种花，大面积、年复一年地种植，也没有见过这种花退化呀。商人百思不得其解，便去向一位植物学家请教。

植物学家问商人："你的邻居也是在种植这种花吗？"

商人摇摇头说："这种花只有我一个人有，他们的花圃里种的都是一些普通花卉，比如郁金香、金盏菊、玫瑰之类的。"

沉思许久，植物学家才说道："尽管你的花圃里种满了这种名贵的花朵，但是邻居的花圃却种植着其他花卉，风传播了花粉后，你的这种名贵之花被沾上了邻居花圃里的其他品种的花粉，所以你的名贵之花日渐衰退，也越来越不雍容华贵了。"

商人忙问植物学家有什么办法能改善这种情况，植物学家说："风要传播花粉，是谁也阻不挡住的。要想使你的名贵之花不失本色，只有一种办法，那就是让你邻居的花圃里也都种上你的这种花。"商人于是把自己的花种分给了周围的邻居。第二年春天开花的时候，商人和邻居的花圃几乎被这种名贵之花所覆盖——花色典雅，朵朵流光溢彩，雍容华贵。这些花一上市，便被立即抢购一空，商人和邻居都因此发了大财。

想要培育出名贵的花园，就必须让自己的邻居和自己一样，也种上同样名贵的花朵。精神世界也像一座花园一样，一个人想要维持自己高尚的品德，如果不懂得和别人分享，就只能是孤芳自赏，甚至背负高大自傲的坏名声。

分享有时并非多么伟大的情操。虽然有时分享的目的是为了在我们需要时的得到，给自己一个好人缘以及和睦的生活、良好的工作环境。但是我们在分享中往往得到的远比分享的要多得多。所以，当我们面对生活中的得失时，心胸不要太狭窄，目光不要太短浅，学会分享，其实这也是一项大智若愚的"长远投资"。

第 7 章
宽容多一分，愁容少一点

生活就是如此，充满了悲欢离合。面对人生的不幸，与其每天疲惫不堪，不如轻松地享受生活。卸下沉重的负担，不要让自己太累。用乐观、积极的态度去正视社会上的人情冷暖，以轻松、坦然的心情去面对人世间的沧桑变化。

宽容的真谛

　　所谓宽容，就是一种豁达，能够看得开那些不顺人心、不尽如人意的人与事。

　　在一辆挤满了人的公共汽车上，一位女士不小心踩到了一位男士的脚，便赶紧红着脸道歉说："对不起，踩着您了。"不料男士笑了笑："不，不，应该由我来说对不起，我的脚长得一点儿也不苗条。"车厢里立刻响起了一片笑声，这笑声是对男士优雅风趣的赞美。而且，身临其境的人们也相信：女士将会对这美丽的宽容留下一个永远难忘的美好印象。

　　是的，这就是宽容——它温馨、明亮、阳光、甜美、亲切，又有谁忍心拒绝它呢！

　　有一首诗是这样描述宽容的：

　　　　宽容是一种洒脱，宽容是一种胸怀，宽容是一种美德，宽容是一种境界；宽以待人是一种宽容，以德报怨是一种宽容，海纳百川是一种宽容，壁立千仞是一种宽容；宽容是克服困难的润滑剂，宽容是获得成功的铺路石，宽容是拥有幸福的通行证，宽容是走向未来的金招牌。土地宽容了种子拥有了收获，天空宽容了云霞拥有了神采，大海宽容了江河拥有了浩瀚，人生宽容了遗憾拥有了辉煌。宽容能松弛别人，宽容能抚慰自己，宽容能让你随和，宽容能让你豁达，宽容能让你博爱，宽容能让你忘记忌妒、放弃仇恨、丢掉猜疑、淡泊名利。有了宽容，再激烈的冲突，都不会在心灵之夜驻足；有了宽容，再大的不快，都不会在记忆之港停泊。一旦学会宽容，每个清晨你都将在希望中醒来，也将终生收获笑容！

宽容并不意味着软弱，而是代表了大度与力量。宽容是对人、对事的包容与接纳，是一种非凡的气度。有了这种气度，才会包容万物，海纳百川。这种气度，能带给我们无尽的力量和收获。德谟克利特曾说："和自己的心进行斗争是很难堪的，但这种胜利则标志着这是深思熟虑的人。"当你用宽容的眼光去看待一件事时，你会发现自己的阅历也会随之丰富。这种经历对人生来说，就是一笔特殊的财富。真正心怀宽容之心的人，从来不指望得到回报，更不索取回报，但往往会得到回报，甚至是更多的回报。人生在世，只要能够常怀宽容之心，就必定能够劳有所得，有所斩获。

有句名言说的好："海纳百川，有容乃大。"快乐自古就是心怀宽容的人的专利。一个人快乐不一定就拥有宽容，但心怀宽容的人一定快乐。过得很快乐的人肯定都是宽容的人。宽容他人是人生中必不可少的优良品质。

千年古桥赵州桥远近驰名，有很多慕名来参观的人，有一天，一位游客看过之后，失望地说："这不就是一座普通的石桥吗？"一位云游四方的智者尚路过这里，他听到了这位游客的话，说道："施主，此言差矣！这不仅仅是一座石桥，它是一座宽容而圣洁的桥。"游客不以为然，"桥有什么宽容的？它渡过什么呀？""它渡过驴，也渡过无数的人。它宽大的胸怀接纳了一切在它上面走过的人和动物，甚至于动物的粪，它渡过一切走在它上面的生灵，没有抱怨过一句话，它在用岁月这把刷子刷去落在它身上的一切污垢，重新回到它光滑洁净的桥面，千百年过去了，它仍然用它无比宽广的胸襟接纳众生，渡过众生。"听到智者的这番话，游客无言以对。

宽容是理解，是体谅，是做人的美德，也是明智的处世原则。我们需要别人宽容，也要学会宽容他人，浅薄无知却又自以为是的人永远也不知什么是真正的宽容，他们只能在自己狭小的圈子里打转，不知宽容的伟大和宽容的快乐，刻薄地对待别人只能让自己陷入孤立的境地无法自拔。

人生好比是一个多彩的舞台，不断上演着形形色色的世态炎凉、人情冷暖，这时，不要忘记"宽容"二字，它是化干戈为玉帛的良剂。宽容，是胸襟博大者为人处世的一种人生态度，蔺相如的宽容换来了流芳百世的将相之和。雨果也有这样的一句名言："世界上最宽阔的是海洋，比海洋更宽阔的是天空，比天空更宽阔的是人的心灵。"

珍珠是怎样形成的呢？

当沙子进入到蚌的壳内时，蚌便会觉得非常不舒服，但是又无力把沙子吐出去，这时蚌就会面临两个选择，一是抱怨，让自己的日子很不好过，另一个是想办法与这粒沙子同化，使它跟自己和平共处。于是，蚌开始把它的精力和营养分一部分去把沙子包起来。

当沙子裹上蚌的外衣时，蚌就会觉得它是自己的一部分，不再是异物了。沙子裹上的蚌所分泌的成分越多，蚌就会越把它当作自己，就越能心平气与地和沙子相处。

其实，蚌是无脊椎动物，是没有大脑的，它在自然进化的层次上等级很低，然而就是这样一个没有大脑的低等动物，都懂得这样的道理：要想办法去适应一个自己无法改变的环境，把一个令自己不愉快的异己，转变为自己的一部分。在相比之下，人有时真的应该感到汗颜。

人生中总会发生一些不如意的小插曲，正如沙子进入蚌的体内一样，如何包容它、同化它，把它纳入到自己的体系，使日子可以平静、幸福地过下去，这才是我们最需要向蚌学习的一点。

仔细想来，我们有什么理由一遇到挫折就怨天尤人、跟自己过不去呢？

打牌时，拿到什么牌不重要，如何把手中的牌打好才是最重要的。凡事固然要讲求操之在己，但是在没有主控权的事情上，是否也应该向蚌学习，想办法去适应自己无法改变的环境呢？

想要真正做到宽容，首先需要有冷静的头脑、宽宏大量之心，要有"相逢一笑泯恩仇"的气概，以及敢于承认并纠正错误的勇气。没有冷静的头脑和宽宏大量的心灵，很容易被冲动所控制，会使小事化大，甚至酿成灾祸。

不要对个人的得失太过斤斤计较，对他人的错误应该豁达一些，以宽容的态度包容他人。这样不仅能开阔自己的视野，而且可以活得更轻松。当你学会了宽容，放下了心里的一切负担和重载时，你就会发现你不再狭隘，不再烦恼，不再蹒跚，不再怨恨和悲苦，不再恐惧，不再阴郁……那么，围绕在你身边的只有快乐。

懂得宽容，才会远离自私、嫉妒、虚伪，才会用宏大的气魄去感受"相逢一笑泯恩仇"的快乐。智者总会用宽容这把慧剑斩断冤冤相报的恶性循环。没有宽容，世界就总会令人失望，永远也不会有幸福安康的地方。

放宽心，别和自己过不去

> 不对自己提过高的要求，宽容自己，这样才能够将自己的情绪调整好，才能够获得健康的身心。

生活中总有一些人对自己的要求非常严格，希望所有美好的事情都发生在自己身上，一旦遭遇到一点挫折，就会开始抱怨、沮丧。

> 某销售公司的一名员工小赵是个多愁善感的人，遇到一点儿挫折就垂头丧气，总是怪自己太笨。有时候是工作难度大，有时候是事出有因，有时候是他对自己的要求太高，可他从不考虑其他方面的因素，一遇到不顺心的事，就只知道不停地埋怨自己。刚开始还会有一些朋友去劝他，可一直这样，弄得大家的心情也不好了，大家渐渐没有了耐性，干脆都不去理会他的自责和不高兴了。久而久之，小赵感觉自己越来越不受人重视，以致抑郁成疾……

有时因为自己想要的太多，却难以达到这种能力，便感到失望与不满，然后就自己和自己过不去，自己折磨自己，说自己"太笨"、"不争气"等等，经常和自己较劲。小赵就是这样的一个典型的例子，因为他对自己的要求太高，又无法宽容自己，所以烦恼永远比别人多。

这时候就得想开点儿，千万别跟自己过不去，多劝劝自己，要以一颗平常心面对生活。

其实，静下心来仔细想想，生活中的许多事情，并不是因为你的能力不强而做不到，恰恰是因为你的愿望不切实际。能力再强的人也不可能做到所有的事情，这样去想才不会强求自己去做一些力所不能及的事情。

努力做好我们力所能及的事情，剩下的就交给老天吧！只要尽力而为了，心中也就坦然了，即便在生命结束的时候，也能问心无愧地说："我无愧于心，因为我已经尽了自己最大的努力。"

生活是丰富多彩的，人活着就是要品尝百味生活，所以，不要自己和自己过不去，切忌钻牛角尖。如果你觉得不开心，那就学会自己去寻找生活中的快乐。早晨醒来睁开眼睛看着天花板，你可以用快乐的心去感受那纯净的白色；上午在窗前读一本文采飞扬的书，你可以用快乐的心去体味书中的感动；下午坐在摇椅上闭目静思，你可以用快乐的心去触摸太阳的温暖；黄昏到楼下茶馆里去品一杯醇香的红茶，听一曲悠扬的旋律，你可以用快乐的心去迎接夜晚的来临；傍晚为家人准备一席丰盛的晚餐，你可以享受到付出的快乐。

但是，你在犯错的时候，却不能放松自己，但不是和自己过不去，而是避免再次犯错。如果你仔细观察周围，就会发现，我们生活中的大多数人都是亲切友善、富有爱心的。如果你犯了错，真诚地请求他人原谅时，绝大多数人都会宽恕你。但是，你这种亲切的态度只对一个人例外，那个人是谁？没错，就是你自己。

也许你会产生疑问：不是都说人类是自私的吗，怎么可能只对他人宽容，而对自己如此严苛，自己都不肯原谅自己呢？是的，人们在表面上看是很容易原谅自己的，但在深层的思维里，人一定会经常反省自身："我怎么这么笨？当时要是细心一点儿就好了。"或是："我真该死，怎么能允许自己犯这样的错误？"

如果你觉得难以置信的话，请你回想一下自己是否犯过严重的错误，如果能够回想得起来的话，那说明你并没有真正忘记它。表面上你是原谅了自己，实际上潜意识里还埋藏着深深的自责。

我们既然可以对他人宽容，难道就没有资格仁慈地对待自己吗？

没错，我们是犯了错。人都会犯错误，但这不代表就该承受如下地狱般的折磨。我们唯一能做的就是正视这种错误的存在，从错误中汲取经验和教训，以确保未来不会发生同样的憾事。进而应该获得绝对的宽恕，接下来就应该忘记它，继续前行。

人的一生在不断地犯错误，如果每犯一次错误我们就深深地自责一次的话，那么我们将一辈子背负着罪恶感生活，也就不要奢望自己能走多远了。

做真正心胸宽广的人

宽恕也是一种能力，它可以防止伤害继续扩大。缺乏这种能力的人，往往需要承担难以预料的风险。

一、宽恕别人

在受到伤害的时候，人可能会产生两种心理：一种是憎恨，一种是宽恕。憎恨的情绪使人浸泡在痛苦的深渊里，反复抱怨对方的不是，结果把自己的心情越弄越糟。如果任凭憎恨的情绪在心里持续发酵的话，生活就可能会逐渐失去秩序，行为越来越极端，最后一发不可收拾。而宽恕就不同了，懂得宽恕的人能够积极地思考如何原谅对方。很多时候，我们很难宽恕他人的原因，恰恰是因为我们认为，每个人都应该为自己所犯的错误付出代价，才符合公平公正的原则，否则岂不便宜了犯错的一方？但是不宽恕对方会产生什么结果或副作用呢？憎恶、报复、埋怨、痛苦，等等，这些结果是否值得你承受，恐怕才是一个更值得思考的问题。

很多不愉快的记忆使我们无法摆脱被伤害的阴影，痛苦总是如影随形，没完没了，我们也就无法获得身体的放松和心灵的平静。所谓没完没了，除了指无法对自己释怀，使自己成为一名囚禁心灵的俘虏。

有句名言是这样说的："也许在很久以前，有人伤害了你，而你却忘不了那件不愉快的往事，到现在还痛苦不堪，那就表示它还在继续伤害你。其实你是很无辜的，你要了解到，你并不是世界上唯一有这种经历的人。赶快把不愉快的记忆忘掉，只有宽恕他人才能释放自己。"

在华盛顿的越战纪念碑前站立有三个前美军士兵，其中一个士兵问道："那些抓你做俘虏的人，你已经宽恕他们了吗？"第二个士兵回答："我永远都不会宽恕他们。"第三个士兵说："如果这样的话，你就永远只能是一个囚徒！"

显然，那个士兵一直被关在牢狱之中。什么狱？心狱。囚的是谁？是自己。他把自己囚在心狱里而不能自拔。这实际上是说，对别人的不宽恕就是对自己的不放手。在生活中有智慧的人都懂得宽恕的道理，因为它能减轻误会和仇恨，从而避免一些冲突和不愉快的事情发生。而一味的仇恨，只能自食仇恨结出的恶果。

学会宽恕，就会大大提高你的影响力和亲和力；选择宽恕，我们的人生之路就会越走越宽广。

二、远离忌妒

忌妒别人实际上是变相惩罚自己的一种方式。因为你看见别人比自己强的时候，心里自然会气不打一处来，其实这样做对别人没有任何损伤，反而自己会因此生一顿闷气，这又何必呢？倒不如放宽心胸，调整一下自己的心态，换个角度来看待问题，也许会看到不同的景象。

有一个相貌并不出众的女士，她有一位女同事不但长得漂亮而且还特别会打扮，这引起了她的极大不满，她在心底里看不上那个女同事，忌妒心很重。

这个女士有一次和那个女同事聊天，才知道对方的家庭十分不幸，所以她才每天坚持化妆，从而改变沮丧的心情。此时，这个女士发现虽然自己算不上漂亮，但家庭生活却十分和谐。也许正因为如此，她的心理上产生了某种平衡，对那个女同事也多了几分同情。同时，她也明白了，自己以前看人家不顺眼，实际上是带有主观的偏见，完全是自己由于忌妒而引发的一种不健康的心理在起作用。故事讲到这里，我们就可以看出这个女士看问题的角度发生了改变：由忌妒转化为了同情———一旦角度发生了变化，忌妒之心也就有可能随之烟消云散了。

同样是新闻节目"脱口秀"的主持人，奥普拉成为了明星，而盖勒却只是个陪衬，但他们看重并欣赏对方的优点，能以平等心态看待各自不同的优势与短处。"我认为没人能把节目做得像奥普拉那样好，包括我自己，所以我并没有竞争的感觉。"盖勒说。"当你身处公众包围之中时，你需要一个值得自己信赖的朋友。盖勒是我自己的一面镜子——从镜子里我会看到，当生活变得简单，我不受那么多外在压力影响的时候，自己的内心状态是什么样的。"奥普拉说道。当奥普拉想把朋友带入自己前途远大的事业中时，遭到事业刚起步的盖勒的拒绝。不过，最终盖勒受聘为奥普拉一个最新刊物的责任主编。友谊和竞争在天平上不能轻易平衡，小人物盖勒面对大明星般的朋友奥普拉，聪明地从各方面寻找到了这样一个平衡点。

其实，无论在哪一种职业中，友谊与竞争都同时存在。工作让人们结交到许多朋友，像近邻一样每日相处。如何将亲密的友谊与工作关系区分开来？可以略微降低友谊的亲密程度，或者在面对输赢时，学着在竞争中减少"个性"。盖勒有很健康的心态，也回避朋友多次在事业上的拉拢，独立并努力地做好自己的工作，并以乐观向上的人格魅力，赢得奥普拉的欣赏和尊敬。总之，忌妒是一种不健康的心理，只有学会调整自己的心态，才有可能改变它，不断开阔自己的心胸，用自己的宽容之心冲洗掉那些附着在心灵上的污垢。

真正心胸宽广的人是不会产生忌妒心理的。要使自己有一个比较开阔的心胸，必须不断加强自身修养，使自己从经常产生忌妒的心理中解脱出来。要多向身边那些性情开朗、心胸开阔的人学习，要不断地在心里告诫自己，不能太过心胸狭窄，并要在生活中不断测验自己的心胸。有一个人知道自己经常忌妒他人，便去请教一个一个性情开朗的朋友，看看有什么方法可以消除自己的忌妒心理，那个朋友说："其实办法十分简单，只要你不再斤斤计较，便可立竿见影。"这个人一想,的确是这样的道理,后来,每次他碰上不顺心的事情,对他人心生不满的时候,便想到朋友的话,就控制住了自己的忌妒心理。

静坐常思己过

静坐常思己过，闲谈莫论人非。

"静坐常思己过"，考验的是人反省的能力。假如我们能在静下来的时候，想到自己在做事或待人方面有疏忽和亏欠的地方，自然就减少了对别人忌恨、抱怨的心理；同时也因反思自己的过失而得到一些警惕，以后将不致再犯同样的过错。前人劝我们"静坐常思己过"的真正意义正在于此。

如果你能花三分钟时间反省自己的所作所为，做到每天"静坐常思"，就会受益匪浅。

"反省"，顾名思义，就是反过来省察自己，检讨自己的言行，看是否有需要改进的地方。为什么要反省？人都会有缺点，总有智慧上的不足和个性上的缺陷。尤其是年轻人，因为缺乏社会阅历，难免会说错话、做错事、得罪人，因此你必须经常反省自己，了解自己行为带来的影响，才能快速成长。

反省可以让我们通过修正自己的行为和方向来使自己进步，对自我的言行进行客观的评价，认识自我存在的问题，修正偏离的行进航线。良好的反省是自我心灵中的一种自动清洁系统或自动纠偏系统，良好的反省也是砥砺自我人品的最好磨石，它能使你的感觉更敏锐，能使你真正了解自身。

"吾日三省吾身"，这是圣贤修身的境界，一般人不容易做到这点，但时时提醒自己，检视一下自己的言行却不是太难的事。一个人一旦有了不正确的观念，或做了不对的事，可能瞒得了所有的人，但终究瞒不了自己。

人之所以会犯错误，除了有外界的诱惑太大这个原因，更多的是自己过于强烈的欲望,理智屈就于本能冲动。一个人如果能够经常自我反省,不仅能增强自己的理智,而且能够清楚地知道自己应该做什么,不应该做什么。

那么,我们应该反省些什么呢?又怎样去反省呢?

首先,对自己成长有利之事要及时反省。人际交往于是你成长中的大事。反省今天你有没有做不利于人际交往的事,与某人交谈是否得体,某人对自己不友善的原因是什么。

其次,反省今天所做之事,是否有不适当之处,怎样才能将事情处理得更好。进步是你成长中必不可少的。反省到目前为止你做的事是否能够促使自己进步,是否浪费了时间,完成了多少预定的目标。

努力的方法比努力本身更重要。反省的方式灵活多样,至于反省的方法,有人写日记,有人则静坐冥想,在脑海里把过去的事拿出来检视一遍。事实上,反省完全不必拘泥于形式,因为随时可以反省。

你可以在散步运动时反省,可以在自己独处的时候反省,也可以在夜阑人静的时候反省。

总之,你要在自己心情平静的时候反省——湖面平静才能映现你的倒影,心境平静才能反省你今天所做的一切。

忍一时，风平浪静

　　一个人只要具备强烈的自制力，他就能够忍受千难万险，逐一冲破前行路上的重重障碍。

在人生的道路上，不能只是空有远大的理想，要努力让理想变成现实。但这绝非易事，它需要每个人长期坚持，默默努力与付出。只要一个人具备了坚强和韧性的宝贵品质，锲而不舍，他就能够排除万难，实地理想。有了它，就能够理智应对艰难困苦。

　　非洲的勒格森，是一个出身卑微的人。他一直希望自己能够在美国接受优质的教育。在周围的人看来，这简直就是痴心妄想，在他人看来，他的理想总是不可思议、异想天开的：他家住贫穷落后的非洲，却希望有朝一日接受美国的优质教育。他希望自己能像他心目中的英雄亚伯拉罕·林肯那样，出身贫寒却最终成为美国总统，一生为解放黑人奴隶进行不懈的斗争，闻名遐迩。他还希望自己能像华盛顿那样，粉碎万恶的奴隶制度，成为一位伟大的改革家和教育家。为此，他身上带着仅仅能够维持五天生命的食物以及两本宝书《圣经》和《天路历程》，踏上了他的人生旅途。他将要从他的家乡尼亚萨兰（今马拉维）的村庄徒步向北穿过东非荒原到达开罗，在那儿可以乘船到美国，开始接受优质的大学教育。

　　在勒格森眼中，他既对自己所要就读学校的情况一无所知，也不清楚大学是否会接受他，尽管身无分文，但他从未放弃，勇敢地出发了。在崎岖不平的非洲大地上，他战胜了重重困难，艰难跋涉了五天。五天之后，他身上所带的食物已经全部吃完，水也将近喝完，他将面临缺少食物的境地。只要他转身回到家乡，他就不用再忍受饥饿带来的痛苦，但是他明白回头意味着放弃，意味着他将重新回到贫穷和无知。他对自己发誓：不到美国绝不罢休，不管前方会有什么样的艰难险阻，他都将毅然而然地前行。

勒格森每次路过一个村庄的时候，都会格外小心，因为他难以判断当地人对他究竟是友善的还是敌意的。每天他吃的是野果和其他可以吃的植物，过的是以大地为床、以天空为被的生活。他的身材本来就很瘦弱，艰难的旅途生活让他显得更加面黄肌瘦。有一次，他不幸因受雨淋而发起高烧，而且高烧持续不退。不幸中的万幸是他遇到了一位热心肠的陌生人。那位好心人了解了他的境况后对他的处境十分同情，不仅悉心照料他的起居，还用草药为他治病。

勒格森在恢复的过程中，也曾几度因心灰意冷产生过放弃的念头。但是每当看到自己爱不释手的两本书，重温那些滚瓜烂熟的语句，他马上恢复自信，痛下决心绝不放弃。功夫不负有心人，勒格森终于到达了乌干达首都坎帕拉。通过一段时间的恢复，勒格森的病逐渐痊愈了，但是他的身体还是十分虚弱，想要彻底痊愈还需要一段时间。于是他决定自己先暂时住在坎帕拉保养身体，等痊愈后再另行打算。他这一待就耗费了半年时间，在修养期间他并没有贪图享乐，而是利用业余时间到各种图书馆贪婪地阅读各种书籍。勒格森有一次无意间发现了一本介绍美国大学的书，他如获至宝，认真拜读。令他万分惊喜的是书中夹着一张珍贵的美国地图。这张图深深地吸引着他，图中鲜明地标出了他理想中的学府所在的地理位置。

勒格森所申请的第一个院校是斯卡吉特峡谷学院，该院位于华盛顿佛农山区的。在常人眼里，这根本是无法实现的痴心妄想。但是勒格森还是决定写信给学院的主任，向他讲明自己的境况，同时还希望自己能够得到奖学金。斯卡吉特学院的主任被勒格森的坚持深深地感动了，他接受了勒格森的申请，特意向他提供了奖学金，还为他找到了一份工作，让他通过工作赚来的工资支付上学期间的食宿费用。

尽管勒格森被斯卡吉特峡谷学院录取，但是一大堆麻烦事接踵而来。要想去美国，勒格森必须持有护照和签证才可以去往美国。可是由于得到护照他必须向美国政府提供确切的出生日期证明。更糟糕的是如果他要拿到签证，还需证明他拥有往返美国的费用。勒格森只好再次拿起笔给他童年时起就曾教导过他的传教士写了份求助信。传教士们通过政府渠道帮助他很快拿到了护照。然而，领取签证所必须拥有的那笔航空费用，格勒森还是无能为力。

然而，勒格森并没有放弃，他重整旗鼓，继续向开罗前进，他相信自己一定能想办法获得自己需要的这笔钱。他坚定了自己的信心，他花光了自己仅有的一点积蓄买了一双新鞋，因为他不想光着脚走进学院的大门。

几个月过去了，勒格森勇敢的旅途事迹也渐渐家喻户晓。当他身无分文，筋疲力尽地到达喀土穆时，关于他的传说已经在非洲和华盛顿佛农山区广为流传了。在当地的市民的帮助下，斯卡吉特峡谷学院的学生们给勒格森寄了650美元，用以支付他来美国的费用。当格勒森得知这些人对自己的慷慨帮助后，他满怀喜悦和感激，疲惫地跪在了地上。

勒格森经过了长达两年的行程，最终如愿以偿，来到了斯卡吉特峡谷学院。他骄傲地跨进了学院高耸的大门。勒格森毕业后并

第7章 宽容多一分，愁容少一点 | 185

没有停止自己的奋斗，而是继续进行学术研究，并最终成为英国剑桥大学的一名政治学教授，在自己的努力下成为广受尊重的业界权威。

一个人耐力持久的程度对于一个人的成长尤为重要。人们在它的光芒的照耀下将坚定地向着自己心中的理想迈进。

退一步,海阔天空

海是宽阔的,做人应该像海一样,用宽阔的胸怀去容纳百川之水。

在纷繁复杂的大千世界里生活,总会和别人发生着千丝万缕的联系,少不了磕磕碰碰,出现点摩擦。此时,如果满怀仇恨,得理不饶人,后果只能是鱼死网破,两败俱伤;如果采取忍让之道,则会"忍一时风平浪静,退一步海阔天空"。不用说也知道哪个更划算。

中国历史上,彪炳史册、显世扬名的仁人志士、英雄豪杰,都具有忍耐的精神。人生在世,生与死较,利与害权,福与祸衡,喜与怒称,小之一身,大之天下国家,都离不开忍。现代社会中,许多事业上非常成功的金融巨头、大企业家,亦将"忍"字奉为修身养性的根本。因而,忍是修养胸怀的要务,是安身立命的法宝,是成就大业的利器,是众生和谐的祥瑞。

忍是一种包容一切的气概,忍是一种宽广博大的胸怀。忍讲究的是策略,体现的是智慧。"弓过盈则弯,刀过刚则断",能忍者绝对与头脑发热的莽夫不同,他们追求的是大智大勇。

忍让是建立良好人际关系的法宝,更是人生的一种智慧。忍让虽苦,但却能换来甜蜜的果实。

《寓圃杂记》中记述了杨翥故事。杨翥的邻居丢失了一只鸡,指桑骂槐地说是被杨家偷去了。家人气愤不过,把此事告诉了杨翥,想请他去找邻居理论。可杨翥却说:"此处又不是我们一家姓杨,怎知是骂的我们,随他骂去吧!"还有一邻居,每当下雨时,便把自己家院子中的积水放到杨翥家去,使杨翥家如同发水一般,遭受水灾之苦。家人告诉杨翥,他却劝家人道:"总是下雨的时候少,晴天的时候多。"

久而久之,杨翥的宽容忍让感动了邻居们。大家纷纷到他家请罪。有一年,一伙贼人密谋欲抢杨翥家的财产,邻居听说这件事后,自发组织起来帮杨家守夜防贼,使杨家免去了一场浩劫。

还有一个例子:

晋文公本名重耳,是春秋五霸之一,在登基之前,由于遭到其弟惠吾的追杀,他只能过着流亡的生活。

有一天,他和随从经过一片土地,因为粮食已经吃完了,他们便想向田中的农夫讨些粮食,可农夫却给他们捧了一捧土。

面对农夫戏弄的行为,重耳不禁大怒,想打农夫。他的随从狐偃立刻阻止了他,对他说:"主君,这泥土代表大地,这正表示你即将要称王了,是一个吉兆啊!"重耳听到狐偃的话,不但立即平息了怒气,还将泥土恭敬地收好。

因为身怀忍让之心,狐偃巧妙地用智慧化解了一场难堪,这是心胸宽广的表现。如果重耳当时盛怒之下打了农夫,甚至杀了他,反而有可能暴露了自己的行踪,狐偃的一句忠言,既宽容了农夫戏弄的行为,又化解了重耳的屈辱,最终成就了晋文公的大业。

忍让是强者的涵养,忍让是智者的大度,但忍让并不意味着怯懦无能。忍让是医治痛苦的良方,忍让是人生的平安符。

当我们面对生活中的许多事情时，当忍则忍，能让则让。善于忍让，宽宏大量，既是一种生活的智慧，也是一种人生的境界。人一旦能够达到这种境界，就会少了许多烦恼和忧愁，就能收获更加美丽、闪亮的人生。

拾起宽容，抛弃傲慢

"容人须学海，十分满尚纳百川"，智者能容，越是睿智的人，胸怀就越是宽广，因为他洞明世事、练达人情，看得开、想得远，也放得下。

宽容是一种无坚不摧的力量，在人生的道路中，它可以让阴霾的日子里充满阳光，也可以让冰雪封冻的日子里充满温暖。因此，我们需要学会宽容，在生活中，傲慢自负的人注定要吃很多苦头，东汉的祢衡就是这样一个人。

祢衡是个很有才华的人，但他的性情十分高傲，总是看不起任何人。当时贤人达士都从四面八方向新建的京城许都汇集。有人问祢衡说："你怎么不去许都，同名人陈长文、司马伯达结交呀？"祢衡说："那些卖肉沽酒的小伙计们怎么配和我结交呢？"又有人问他："越稚长将军、荀文若怎么样呢？"祢衡说："越稚长嘛，肚子大，很能吃，可以让他去监厨请客；荀文若外貌长得还可以，让他替人吊丧还可以。"

祢衡和鲁国公孔融及杨修交好，常常称赞他们，但那称赞却也包含着十分孤傲的口气："大儿孔文举，小儿杨祖德，其余的都是庸碌之辈，不值一提。"祢衡将孔融称为大儿，实际上他连孔融一半的年纪都达不到。

孔融非常赏识祢衡的才华，除了上表向朝廷推荐之外，还多次在曹操面前夸奖他。于是曹操便很想见见祢衡，但祢衡自称有狂疾，不但不肯去见曹操，反而说了许多难听的话。曹操十分恼怒，但念他是孔融赏识的才子，又不愿贸然杀他。但后来，祢衡屡教不改，多次侮辱曹操以及他手下官员，最终难逃被杀害的命运。

成语"虚怀若谷"的意思是说，胸怀要像山谷一样虚空。这是恰当地形容谦虚的一种说法。只有空，我们才能容得下其他东西，而自满，只能容下我们自己。

有一个暴发户，特别自以为是，有一次去拜访一位智者，想向智者请教修身养性的方法。

但是这个暴发户打从见面伊始，就滔滔不绝地说个不停。智者在旁边插不上一句话，于是只好不断地为他倒茶。杯中已经注满了茶水，可是智者仍然继续往杯子里倒水。

这人见状，急忙说："大师，杯子的水已经满了，您怎么还继续倒水呢？"

这时智者看着他，慢慢地说道："你就像这个杯子，充满了自我，若不先将自己倒空，怎么能悟道呢？"

在生活中，我们常常会不自觉地变得像这个注满水的杯子一样，容不下其他的东西。因而，学会把自己的意念先放下来，以虚心的态度去倾听和学习，我们才能获得修身养性的好方法。

第8章
认清自己,克服人性的弱点

当在生活中感到纠结、困惑的时候,我们首先应该做的不是讨论生活本身是否公平,不是讨论自己的机遇是好还是坏,这个时候最应当做的是认识自己、剖析自己,从而真正了解自己的内心世界,了解并坚定自己的信念。

认清自己，快乐从心出发

快乐的前提是先要对自己的个性有所了解，知道自己的优点和喜好。这样，才能根据自己的个性特点，对自己的生活方式进行定位与适当调整，这样才能使快乐与你"相濡以沫"。

苏轼曾感叹道："人之难知，江海不足以喻其深，山谷不足以配其险，浮云不足以比其变。"就是说，了解一个人的外表是很容易的事情，但想了解他的内心却很难做到。同样，对于个人来说，要充分认识自己、了解自己的个性也是一件难事。

一位著名的大哲学家，他知道自己的日子所剩无多，于是就让助手帮他找到一个能把自己思想传承下去的人。尽管哲学家表面上让助手帮自己去寻找，但是他心里其实已经有了最佳人选，这个人正是他的助手。

哲学家说："我一定要找一个智慧超群、并拥有非凡的智慧和勇气的人。我一生都在寻找，到现在也没有找到，留给我的时间已经不多了，你能帮我找到一个能够把我的思想传承下去的人吗？"

"当然没问题。"助手很爽快地答应了，并十分郑重地说，"请您放心吧，我一定会尽最大能力去寻找的，尽力实现您的愿望。"哲学家只是笑而不语。

除了快乐，我一无所有

那位忠诚的助手从此以后便开始不辞辛苦地通过各种办法四处寻找。当他带着自己找到的优秀者们去见哲学家时，却都被哲学家一一否定。当哲学家病重，时日无多时，将仍然"一无所获"的助手叫到自己的面前，拉着他的手说："你辛苦了，但是你知道吗？你比你找的那些人都优秀。"

虽然助手心里非常感谢哲学家对自己的器重，但他并不相信自己真有那么大的才华，并不相信自己会有资格做哲学家的传承者，于是说："请您放心，就算找遍全世界，我也一定会帮您将需要的人找到。"

哲学家只是笑而不语。

哲学家在弥留之际，助手还是没有找到最优秀的人，他非常惭愧地来到哲学家的床边说："我让您失望了，对不起！"

哲学家只是说了句："虽然失望的是我，但最对不起人的是你自己。"

哲学家说完便闭上了眼睛，过了许久才说："其实，你自己就是最优秀的人，只是你一直没有自信，才会忽略了自己。其实，世界上每个人都是优秀的，而最大的差别就是你如何才能认识自己、如何发现自己的能力……"

哲学家话还没说完，就带着遗憾离开了这个世界。

哲学家的助手完全没有看到自己的优势与长处，眼里只有别人，对自己的能力也没有一个准确的定位，因此留下巨大的遗憾，与触手可及的成功失之交臂。那么，有什么好的方法能帮助我们比较准确地认识自我，了解自我的个性呢？

第一，从过去和现在的状况中认识自己。

过去，是指你的事业、生活等各方面的基本情况如何，是否顺利。对自己从事的事业是心甘情愿为之奋斗还是勉强应付，有没有心有余而力不足的情况发生；现在，是指你的事业、生活等各方面的基本情况如何，和过去相比是进步了还是退步了，你的感觉是渐入佳境了还是更吃力了。对这些情况的评价要尽可能客观。

第二，从个人和大家的评价中认识自己。

个人，是指身边和你接触密切，有代表性的，对你来说具有非比寻常的意义的人，比如父母，子女，配偶，兄弟姐妹等；大家，是指和你的生活有较多交集的人，比如同事，同学，朋友，合作伙伴等。

第三，从自己的强项和弱项中认识自己。

在工作、学习或者个人爱好中，你有哪些强项？是否在这些强项上有所成就？他人是如何看待你的强项的？你又有哪些弱项？这些弱项是会给你的工作和生活制造障碍还是几乎对你没什么影响？他人又是如何评价你的弱项的？

第四，从以往的成功和挫折中认识自己。

我们可以把成功和挫折比作一面镜子，它最能反映一个人性格或能力上的特点。我们可以通过自己成功的经验或失败的教训来发现自己的特点，在自我反思和检查中重新认识自己。

第五，从感兴趣和讨厌的事情中认识自己。

什么事情能够吸引你的兴趣？在这些你喜欢的事情中，你最感兴趣的是什么？这些兴趣发展到什么程度？是否会发展为爱好？在兴趣方面做一个具体的分析。你讨厌什么？讨厌到何种程度？对这些事情的厌恶会不会对你的生活造成影响？具体分析一下自己为什么讨厌这些事情。

第六，从生理和心理上认识自己。

从生理上认识自己主要是指身体是否健康；心理包括的内容则有很多，如心理健康、心理品质、意志、毅力、心胸、情绪的基本情况等。从生理和心理上全面分析自己能帮助我们更准确地认识自己。

第七，用传统的和科学的方法认识自己。

不管是在过去还是现在，都有很多认识自己的比较科学的方法，比如心理测验、行为测验等，这些都有助于我们很好地认识自己。

人人都有美好的梦想，都渴望成功，渴望快乐。但前提是，要认清自己的个性，正确地了解自己，才能对自己充满信心，制定切实可行的人生规划，才能对未来充满希望，大胆而主动地去争取一切，才能更好、更快地实现自己美好的梦想，快乐地生活下去。

丢掉自我的伪装

如果你真的想要突破自我、有所成就，那么首先要修炼自己的心态。

自我就是小我，小我是一切都以个人为中心，以自我的感觉和需求为满足，以自我的标准来判定事物的对错。

人们通常在意的是有没有人尊重我、关心我、爱我，我是否具备生存的基本保障，在他人眼中我是怎样的人……人之所以会有得意和失意，是因为对自我有所在意。

放下自我，切莫太重视自己。否则，如果处理不当，就会产生不良的情绪。比如，有的人自尊心太重，就是因为自卑情结强烈，别人斜着看你一眼，你就很受伤。你和异性交往，对方热情不高，你就会因为觉得自己没有魅力而感到十分痛苦。在一群人中，看到他人非常出众，而自己却默默无闻，你又自尊心受挫。

我们每个人都生活在大家的相互评价之中。要对这些评价适当地忽视一点、随意一点，看得淡泊一点。

其实，这并不是在骗自己，而是在解脱自己。

因为如果你少了一点这方面的感情支出，就多了一点好的心态，多了一点精力，就有更多创造的可能，去捕捉更多的机会，最终就有可能使自己的命运慢慢改变。

所以，即便是对已经取得了一定成就的比较优越的人来说，也应该警惕这种自尊过敏综合症。有些人看上去好像心理稳定，能承受住他人对自己的一切看法，但是，不知怎么搞的，在某个时期，他会像着了魔似的，突然在一个问题上爆发这种病症。

有的人可能并不在乎你对他衣着的评价，也不在乎你对他外貌的评价。因为什么？他可能在这方面不过敏，却很敏感你对他人品的评价。即使只是随意一说，他都非常敏感，反应异常强烈。

有的人可能属于生活中的成功者。现在真正的成功者反而十分低调了。你看，比尔·盖茨就不一定穿一身名牌装点门面。高调炫耀的人往往是伪成功者：在餐厅要很多菜，剩很多，而且一定不打包，在外人面前没边际地消费。真正的成功者往往穿着随便，举止平常。为什么呢？因为真正的成功者并非自卑之人。

其实，自卑并不是百害而无一利，关键看你怎么看待。一个人没有自卑感，就不会有发展。比如一个人从小比较穷困，在农村长大，到城市上大学以后，发现周围人都比他富有，这样的人往往更努力。

当那些自卑的条件被你自己战胜的时候，自卑就会由成功的阻力转化为成功的动力。

而自暴自弃，不能够战胜自卑，人生就会失败。

自卑就有这么大的力量，尤其是对人的心理有特别巨大的影响。

一般来说，很少有人完全没有自卑情结。

我们只有排除负面心态的干扰，砸开信念的枷锁，把潜能最大化，把干扰最小化，你才能充分发挥自己的潜力，做到那些原来你不会去做的、不敢去做的、不愿去做的、不习惯去做的、没做过的事。

智慧的人懂得自嘲，他们身上不会发生任何疯狂、愚蠢和残暴的行为。如果没有美妙而又令人会意的自我解嘲，生活就会变得疯狂。幽默对我们的生活大有裨益。

幽默的种类有很多，但所有幽默都包含两部分：讽刺与内涵。讽刺是为了刺激人，内涵是为了拯救人。说白了，幽默是讽刺与善意的结合体。讽刺愚蠢的行为并且一笑置之，是美好情感的体现。

因此，虽然幽默与智慧很相像，但两者是有差别的。智慧是智力的微笑，幽默是心灵的大笑。智慧可以击败他人、伤害他人，而幽默则可以愉悦他人。

幽默能够使我们在面对责骂的时候也面带微笑。能够使我们在批评中重新振作起来。它对我们既是一种打击，同时也是一种刺激。它使我们脚踏实地，避免好高骛远。

幽默可以分为两类：一种是用别人的痛苦换来自己的快乐，另一种以自己为代价换来长久的快乐。保持优雅的最简便方法就是自我解嘲。

把自己弄得过于严肃并非上策，把自己弄得过于呆板则更是下策。它会影响我们判断事物特性和价值的能力，使我们对人对己都手足无措。

以自我为中心只能自娱自乐，就像一只炫耀的公鸡，只会自己"咯咯"叫，虽然自我感觉良好，却完全看不到自己的丑态。

别人在我们的眼中总是很可笑，似乎总是在做一些愚蠢和奇怪的事情。但反过来想，我们自己又是什么样子呢？如果我们能够多一些自嘲和反思，就会少一分可笑与愚蠢。

接受不完美的自己

现实中，没有谁是完美无缺的，总是会存在着一些不尽如人意的地方，所以，对自己不要苛求完美。

总是为"不完美的自己"而自惭形秽的话，不仅是在和自己较劲，同时也是在和一种不可能改变的事实过不去。最终，只能被"撞得"头破血流，也根本不可能体会到本属于自己的快乐。

多年前的一个傍晚，一位叫凯文的青年移民，在河边站着发呆。

这天是他刚刚满20岁，可他不知道自己是否还有必要活下去。因为凯文从小在福利院里长大，身材矮小，长相也很丑陋，说话又带着浓重的法国乡下口音，他认为自己是一个既丑又笨的乡巴佬，所以一直很瞧不起自己，甚至不敢去应聘一份最普通的工作。

就在凯文在生死之间徘徊的时候，与他一起在福利院长大的好朋友马丁兴冲冲地跑过来对他说："凯文，我给你带来一个好消息！"

凯文一脸悲戚地说："好消息从来就不属于我。"

"不，收音机里刚刚广播了一则消息，拿破仑曾经丢失了一个孙子。你与播音员描述的相貌特征丝毫不差！"

凯文一下子精神大振："真的吗？我竟然是拿破仑的孙子！"

一想到自己的爷爷曾经用带着泥土芳香的法语发出威严的命令，以矮小的身材指挥着千军万马，他顿感自己矮小的身材同样充满力量，讲话时的法国口音也带着几分威严和高贵。

第二天一大早，凯文便满怀信心地来到一家大公司应聘。

20年后，凯文已成为这家大公司的总裁，过着快乐而又满足的生活，虽然他早已查证自己并不是拿破仑的孙子，但是这些都已经不再重要了。

一度灰心绝望的凯文在一个偶然事件中变得积极主动起来，前后简直判若两人。在最初，凯文将注意力完全放在了自己的缺点上，失去了信心与勇气，进而也无法体会到生活中的快乐。然而，当他得知自己是拿破仑的孙子之后，那些所谓的缺点在他眼里都变成了优点，他不仅坦然地接受了自己，也对自己充满了信心，进而又为自己赢取了成功而又快乐的后半生。这个故事告诉我们：正因为有时候有了缺憾，我们的人生才更完整；正因为不完美，我们的生活才充满乐趣。一个过于追求完美的人，从某种意义上说，是一个可悲之人。他无法体会有所期待、有所追求的感觉，也无法体会到正视缺憾的那份释然。

其实，我们的人生并不需要完美无瑕，因为生命本身就存在许多的缺憾，完美是一种对人或物的绝对肯定，这在现实生活中几乎是不可能存在的。一个人不管他多成功，都会有犯错误的时候；同样，一个屡屡失败的人，也会有成就辉煌的一刻。我们的目标是尽可能让自己得到的比失去的多，这样人生才能充满快乐。如果总是认为自己不够完美而去钻牛角尖的话，我们的生活将始终是暗淡无光的。

这是一场特殊的演讲会，她不能控制自如的肢体动作震慑住了全场学生。她站在台上，不时不规律地挥舞着她的双手；仰着头，脖子伸得好长好长。与她尖尖的下巴扯成一条直线；她的嘴张着，眼睛眯成一条线，诡异地看着台下的学生；她口中偶尔也会发出声音，支支吾吾地不知在说些什么。她基本上是一个没有语言能力的人；但是，她的听力很好，只要对方猜中或说出她的意思，她就会乐得大叫一声，伸出右手，用两个指头指着你，或者拍着手，向你歪歪斜斜地走来，送给你一张明信片——用她的画制作的明信片。

她就是著名画家黄美廉，由于接生时医师的疏忽，她被撞击了头部，造成运动神经受伤，以至于一出生就罹患了脑性麻痹，一直到五岁还全身软绵绵地瘫在床上、地上，不能说话，而且口水不停往外流。脑性麻痹夺去了她发声讲话的能力，也夺走了她肢体的平衡感。从小她就活在众多异样的眼光中，她的成长是一部血泪史，甚至有一回，她在阿公、阿妈家门前地上爬着玩，邻居看见了，就以轻视的口吻嘲笑着说："你这孙女，以后长大只有在马戏团给人观瞻的份儿了。"阿妈却不以为然地摸摸她的头，类似这样的事一再重复发生。然而，黄美廉内在的奋斗精神并没有被这些外在的痛苦击败。她昂然面对一切不可能，终于获得了加州大学艺术博士学位。她用她的手当画笔，通过色彩让人感受到"寰宇之力与美"，并且灿烂地"活出生命的色彩"。

全场所有的学生都被讲台上她那不协调的身体震惊了。有位小学生问她："请问黄博士，你自小就长成这样子，请问你是怎样看待自己的呢？你从来没有抱怨过吗？"

可能这位小学生是出于好奇，并没有考虑到当着她的面这么问，她是否能够承受得住。但黄博士并没有生气，她很吃力地用粉笔在黑板上写着："我怎样看待自己？"写完了这个问题之后，她停了下来，歪着头，看着发问的同学笑了笑，又继续在黑板上写

第 8 章 认清自己，克服人性的弱点

道：

  A. 我很可爱！

  B. 我的两条腿长得又美又长！

  C. 我的父母都十分爱我！

  D. 上帝对我十分偏爱！

  E. 我有自己喜欢做的事情！

  F. 我很喜欢我家的猫！

她没有再继续往下写，而此时教室里已经鸦雀无声了。

她回头看了看大家，又回过头去在黑板上继续写了两句话："我从不去看我所没有的，我只看我拥有的。"

黄美廉写完这两句话之后，台下响起了雷鸣般的掌声，而她则倾斜着身子站在台上，脸上挂着满足的笑容，眼睛也因此变得更小，眯成了一条缝，脸上是一副任何时候都不会被击败的神情，挂满了从任何角度看都十分温馨满足的微笑。

扪心自问，我们的生存状况比黄美廉不知道要好多少倍，所以，坦然地接受自己的不足吧，不要把目光总定格在阴暗处，要勇于发现自己的优点，接受自己的缺点。这样，才能改变导致自己生活不快乐的消极因素，这才是一种正确的人生态度，否则你的生活将永远不可能真正被快乐所环绕。

这个世界上的许多事情是我们所难以预料的。我们无法预料自己的生命到底有多长，但我们能够安排当下的生活，所以别再跟自己过不去了，别再把时间浪费在叹息或抱怨一些无聊的小事上。每天给自己一个微笑，每天给自己一个目标，每天给自己一个希望，放开你的视野，放开你的胸怀，善待自己，你才能活得生机勃勃、澎湃激昂、快乐充实。

学会给自己定位

　　自信，是成功者共同的特性；自尊，则是迈向成功的基石。相信自己，你就会攻无不克、战无不胜。但相信自己的前提是要充分认识自己，了解自己的优点和不足，学会给自己定位。

现实生活中，很多人并非缺乏能力和机会，他们做事也兢兢业业，可他们对自己的人生总不满意。因为他们并不知道自己想要什么，想达到怎样的高度，想实现怎样的目标；他们不了解自己是怎样一个人，自己应该把人生奉献给什么样的事业；他们没有找到自己的优势和不足，没有以客观的分析作基础。简单一句话：没有准确地给自己进行定位。

　　刘凤是一个普通的工人，她原先工作的那家公司倒闭半年了，她还没有找到新的工作。不是没有公司愿意录取她，而是她在原来那家公司工作时的月薪是2000元，所以她发誓一定要找一份月薪高于2000元的工作。得知她的想法之后，父亲要她跟他一起去卖菜。父亲卖的菜跟别人一个价，而只有土豆，人家卖九毛钱一斤，父亲非卖一块钱一斤。父亲说自己的土豆是全菜市场最好的，所以卖得比别人贵一些，可一连几个人来问过价后都嫌太贵而没有买就走了。刘凤见状有点着急了，对父亲说："我们也降为九毛钱一斤吧。"父亲不同意，坚持道："我们的土豆是全菜市场最好的，不愁没人买。"有个人来问价钱了，他非常喜欢刘凤家的土豆，就是觉得有点贵，软磨硬泡了很久，最后他一跺脚狠狠心说："九毛八一斤，我全要了。"可父亲仍然一分钱都不让。时间一分一秒地过去了，市场内的菜价也在慢慢下跌。许多菜农的土豆都差不多卖完了，没有卖完的就卖六毛钱一斤，但父亲只降到七毛钱一斤，刘凤急了，建议父亲也降到六毛卖掉算了，但父亲不肯，还是坚持说："我们家的土豆是全市最好的，一定得比别人的价钱高一些。"中午过后，土豆降到了四毛钱一斤。黄昏时分，还有人干脆卖两块钱一堆，而刘凤的父亲仍然坚持不降价。天快黑时，一个中年妇女过来问："这堆土豆一块五卖不卖？"再不卖的话就只有回家自己吃了，于是父亲就卖了。回家的路上，刘凤埋怨父亲太固执了，以至于白白浪费机会了，不仅少卖了很多钱，还亏了本钱。父亲没有反驳她，只是意味深长地笑着说道："总以为早上能以一斤一元的价格把土豆卖掉，谁知越等越不值钱了。"刘凤被父亲的话深深触动了，她想：我不就和这些土豆一样吗？于是，第二天她就到一家月薪只有1500元的公司上班了。

经过父亲的提醒，刘凤及时改变了自己眼高手低的心态，重新给自己准确地定了位，又走回了生活的正轨。

准确的定位能使你的心态变得积极，能让你摆脱沮丧、怀疑、犹豫和拖延的束缚，被平淡但充实的快乐所包围。

俗话说得好："要知道自己有几斤几两重。"换句话说就是给自己做出准确的定位。定位，通俗地说就是给自己寻找一个适合的位置。一个人如果想不活得浑浑噩噩、稀里糊涂，就要学会给自己定位，不能走一步算一步，要知道自己希望成为什么样的人。懂得自我定位的人能够以理性的态度追求更好的生存状态，能够紧紧握住命运的主动权。

那么，怎样给自己一个合适的定位呢？

首先，要在形形色色的诱惑中学会保持理智。俗话说："鱼与熊掌不可兼得"，想要活得快乐，活得惬意，就要学会放弃。所谓定位，说到底其实就是选择和放弃的问题。选择需要清晰的认识和敏锐的眼光，放弃需要割舍的勇气和彻悟的智慧。善于选择、勇于放弃，才能正确地为自己找到准确的方向。

其次，对职业定位高度重视。一个人事业发展的高度在很大程度上决定着他在社会上的生存质量，而决定人生存质量的关键因素之一恰恰是人在社会上生存的地位。所以说，职业定位关乎一个人的一生。可惜的是，我们绝大多数人的职业被随意性和偶然性所左右，被不适合发挥自身潜能的职业和职位束缚一生。这样的生活是痛苦而压抑的，好的开始是成功的一半，如果我们在一开始就能给自己的职业做一个明确的定位，我们的人生就等于已经成功了一大半。

再次，给自己定位时要遵循高低结合的原则。所谓高低结合就是在给自己定位的时候，可以适当地把位置调高，给自己一个努力的方向，提高生存质量。但切忌好高骛远、极端偏激，要在充分了解自我的基础上，低点起步，从最基础的底层开始做起。

最后，切忌走进自我定位的误区。有的人给自己定位时，衡量的标准常常会选择金钱和地位。他们为此苦苦奔波，在钩心斗角中身心俱疲，在金钱和名利之间患得患失，为了"错位"的定位失去了太多的东西。应该注意的是，自我定位与事业定位之间不能完全画上等号，事业不是生活的全部，在给自己的事业定位之前，要先给自己的生活一个明确的定位。

学会解压，降低自己的期望值

> 与其花太多时间抱怨、担忧失败，不如大步跨过去，告诉自己：我不会被生活与挑战轻易打倒。然后，做好充足的准备，迎接下一次的挑战。

在现实生活中，有些人总有做不完的工作，整天忙得不可开交，常常把一些工作带回家去完成。

其实，你如果经常甚至于每天都把做不完的工作带回家的话，那一定是有些地方出了问题。多数情况下，你不得不把工作带回家完成的原因可能是你不懂时间管理，没能有效地利用上班时间，使你手中积攒的工作越来越多，导致你不得不继续利用下班后的时间完成工作。

不擅长时间管理的人常常感到灰心、焦虑和愤怒，没有多大成就感，整天被处理不完的工作所包围，不能真正享受生活；能有效管理工作时间的人，通常生活得比较轻松，而且享受着开心、快乐的人生，也会感染周围的人，将快乐传递给他们。

英国一家咨询公司的调查结果表明：在5000多名被访的管理者中，超过30%的人不得不将工作带回家处理，一周工作时间超过50个小时。这样，回家后与在办公室都做着同样的事，使他们经常感到紧张和压抑。

如果你被忙不完的工作所拖累，想要彻底摆脱这种坏情绪，就要学会有效合理地利用办公时间，一方面避免时间的浪费，一方面提高自己的工作效率。要做到这一点，首先你要把日常工作按轻重缓急进行分类，然后再努力去完成这些工作。

通常情况下，日常工作可分为四类：紧急而且重要（如有最后期限的会议、工作等）、重要但不紧急（如建立关系、长远规划等）、紧急但不重要（如临时打来的电话、发来的邮件等）和既不重要又不紧急（如一些琐碎的杂务、某些电话等）。

人们在大多数情况下，身处第一类工作中，但又被第三、四类的事情所拖累。如果你想有效提升工作效率，减少工作的压力，就应当把第一类工作的工作量缩小，避开第三、四类的工作，而用主要的精力处理第二类工作。这样，许多工作你就可以在工作时间内完成，而没必要把这些工作带回家。此外，你还要学一些能够提高工作效率的技巧。比如，你可以在等待上司约见、等电话的那段时间里做一些不需要很长时间的工作。

若有急需完成的重要工作，你应立即停下与同事的闲聊，赶快静下心来专注地工作。如果你总是比预计的慢半拍，你就把表拨快十分钟，不久你就发现这种方法会让你大大提高工作效率，也更从容地对待工作。

特别要检查一下你的工作计划表中安排在最后的那些项目是否有必要，把没必要的项目删除掉。让思想专注于积极的方面也是提高工作效率的好办法。比如当你的心情越来越糟时，不妨深吸一口气，然后告诉自己停止这种想象，赶快投入手头的工作，剩下的工作都到时候再说吧！

在平时，在该休息的时候尽量休息，那些烦心的事留到工作时间去解决。这样，你的大脑就不会一直处于高速运转的状态，让自己可以清醒地分析和判断事情，这有助于放松紧张心情，提高工作效率。

要牢记，把自己的思想倾注在好的、积极的方面，才不至于陷入一片混乱之中。如果你能做到劳逸结合，对那些烦心事置之不理了，心情也会随之好起来，也就可以随时充满活力地投入到工作中去。

总而言之，不要把做不完的工作经常性地带回家完成，这样会把自己弄得身心疲惫，只要你能很好地利用时间，你就会比别人更有工作效率，处理起工作来也会感觉更加轻松、自在，也就更能享受到工作带来的乐趣。

同时，要学会降低自己的期望值。

现实中，没有哪一个职业、上司和工作环境是令人十全十美的。可能你觉得上司很棒，既具有个人魅力又体贴下属，但工作内容却枯燥乏味，或者你的薪水不算低，但每天要在上下班路上花费很长的时间。总之，很难达到一切尽如人意。人生活在现实社会中，就必须学会接受现实。工作中的种种不如意，你必须学着去面对。如果你真的热爱这份工作，或者说这份工作还有吸引你的地方，你就得学会去接受它不好的一面。

如果你的工作态度积极乐观，就可以把工作干得非常出色，上司就会相信你是在全身心地投入工作，自然会考虑提拔你。这听上去十分简单，但事情常常就是这样，上司怎么会提拔一个做不好基本工作的人呢？

在努力工作中等待被发现虽然是令人焦躁的一件事，但你要理解你的上司，他也有很多的烦恼，解决各种各样的问题占据了他大量的时间，你不给他制造麻烦，他虽然嘴上不说感谢，但心里却很高兴。此时，你可以给自己一点儿表扬，形成工作满意感的最重要的方法就是无论从事何种行业，你都要以自己的工作为荣。每天在下班时，如果你都能清楚地对自己说："今天我干得很好，在一定程度上我实现了自己的目标，尽管这个目标很渺小。"长此以往，你一定会对自己和这份工作感到由衷的欣慰。

但是，总有一些人对工作抱有过高的期望值，希望一切都能顺利开展，随时可以得到他人的指导和帮助，工作成果总能被同事、上司认同等等。但事实上，如果你把对工作的期望值定得过高，就会变得不切实际而且好高骛远，最终只会对自己不断地感到失望。毋庸置疑，过高的期望总会与现实不相符，现实将会一一击碎原来你期望的那些美好的东西。

人一旦抱有过高的期望就很难轻松起来，他总是在不断地给自己制造麻烦——身边的同事可能会因此而远离他，因为大多数人都不能认真地对待他不切实际的期望。因为他总是很天真地期望工作能够按照自己所预想的方向开展，希望每个人都按照他的要求去做，如果他们不听从自己的安排（通常都是如此），他就会因此感到沮丧不安。

只要降低期望值，哪怕只是一点点，就可以让你的工作与生活变得轻松一些。当事情成功时，你会更高兴、更快乐、更惊喜，而不是把成功当作理所当然。当你的期望落空时，也不会让自己受到很大的打击。降低期望使你不用再为小事烦恼，不会有负面的过度反应，也不会在面对争执时慌乱不安，你能有自信说出"我会处理这件事的"这类的话。工作从来就不是简简单单、毫无麻烦的，每个人在工作中都会犯错误，都会遇到或大或小的挫折。有时候你觉得别人会无缘无故地伤害你；有时候你会觉得自己赚到的钱似乎永远都不够用；有时候电话线或电脑会出状况，让你烦恼不已。保持平和心态对待此类事情，不要期望过高，当事实和想象差距较小时，你的心理落差也就不会太大。

还有一些人常常把期望与完美的标准相混淆。这并不是降低标准或滥竽充数，也不是说人不需要有责任，而是要你心中预留出一席之地，让坏脾气、错误、避失、困难占据了一定的空间。

克服人性弱点，让你的人生赢在起跑线上

学会看开，不与人攀比，经常换位思考，不依赖别人，培养自己独立思考、独自处理事情的能力和习惯，那么，你迟早会站在人生的巅峰。

当我们被困境羁绊之时，不妨想想贾姆纳的话："这个世界上没有什么救世主，除了我们自己。"

一、因为看开，所以快乐

我们的生活中总是充斥着大大小小的难事和琐事，这些难免会让我们疲惫不堪。如果你对某事再苦苦执着的话，则必然会使自己的心境困于其中，导致自己与快乐的距离越来越远。其实，与其整日生活在阴霾中，倒不如破除困扰自己的枷锁，打开心结，将生活的不如意之事一笑置之，在生活的逆境中体会不一样的乐趣。

因为船只失事，两个水手流落到一个荒岛上。

一上岸，甲水手就愁眉苦脸，担心荒岛上没有充饥食物和落脚之处。乙水手则开始欢呼，因为自己将要开始一段新的生活。

两个人在荒岛上找到一个洞口，乙水手庆幸今晚可以睡一个好觉了，甲水手却担心洞里是否有怪兽。最后，乙水手安然入睡，甲水手则由于充满了对未来的恐惧而辗转难眠。

因为可怜这两个水手，上帝竟然让他们在荒岛上又意外地发现了一袋粮食。乙水手高兴得手舞足蹈，而甲水手则担心怎么把生米煮成熟饭，煮出来的饭是否好吃。

乙水手每吃完一顿饭，总是很满足地说："我又多活了一天。"而甲水手总是唉声叹气："唉，粮食要是吃完了可怎么办呀？"

粮食一天一天地减少，渐渐地他们吃光了所有的粮食。荒岛上还有些野果，他们把野果采摘回来。乙水手说："运气真好，竟然还有水果吃。"甲水手哭丧着脸说："从来没有这么倒霉过。上帝怎么能这样对待我，竟然要我吃这样的野果。"

野果到最后也被吃完了，他们再也找不到其他可以吃的东西了，只能饿着肚子。为了保存体力，他们只好在洞里躺着休息。乙水手说："想不到我竟然什么也不用做，还可以睡觉。"甲水手绝望地说："我们马上就要走向死亡了。"

在他们都将坚持不住的最后一刻。乙水手说："我终于可以抛开一切烦恼，进入天堂了。"甲水手说："千万别让我下地狱啊。"

乙水手面带微笑地离开。

甲水手充满悲伤地死去。

结局相同，却有着不同的人生。虽然二人都无法避免死亡的结局，但乙水手充分享受到了人生最后阶段的乐趣，他没有留下什么遗憾，所以直到人生的尽头，脸上都挂着微笑；甲水手则与乙水手截然相反，时时刻刻处于忧虑惶恐之中，自己为难自己，自己勉强自己，连最终离开这个世界的时候都是满含悲伤。

戴尔·卡耐基认为，许多人在遇到事情的时候都会有想不开、斤斤计较的毛病。其实，人活一世，短短几十载，完全没有必要为一些微不足道的小事浪费过多的时间。

为了让人们遇事看开一些，改掉忧虑的习惯，卡耐基曾提出以下一些富有哲理的法则。

①生命十分短暂，切莫再为小事烦恼，凡事要看开一些。

②当我们害怕被闪电击倒，怕所坐的火车翻车时，想一想发生的概率，我们会捧腹大笑。

③要懂得闲暇时抓紧，繁忙时偷闲的道理。

④对必然的事愉快地接受，就像杨柳承受风雨，大海接受一切溪流一样。

⑤如果我们以生活来支付忧虑的代价，支付得太多的话，我们就和傻瓜没有分别。

⑥在开始忧虑那些已经过去的事的时候，你应该想到这个谚语：不要为打翻了的牛奶而哭泣。

二、克服攀比心理

所谓攀比，是刻意将自己在智力、能力、物力、财力等方面与别人进行比较，并希望超越别人的一种心理状态。俗话说："人比人，气死人。"因为与他人比较而生气的人，往往是自身有性格和心理上的缺陷，使自己产生自卑的心态。所谓"人外有人，天外有天"，如果总是去和那些比自己优越的人比较的话，那么，只能是自己给自己平添烦恼，自己跟自己过不去。因此，克服攀比心理，才能保持生活的宁静与快乐。

一个再优秀的人，周围也永远存在比他更优秀的人，如果一个人盲目地去和比自己强的人攀比的话，最终，只能是自叹不如、郁郁寡欢，为自己平添了许多烦恼。

老王在一家公司当干事，平日里总是风风火火，工作十分卖力，和同事相处得也非常融洽。年终评审的时候，老王却意外得知自己被少评了一级职称，少涨了两级工资。老王心里十分不平衡。特别是当得知涨工资的同事买了一套新房以后，住了半辈子平房的老王对此更加耿耿于怀，他变得终日自言自语、喋喋不休，不愿意跟同事交流，有时甚至出口大骂，也根本听不进去朋友的劝告，不久后，老板也看不惯他的表现，就把他炒鱿鱼了。

细想起来，这样做实在不值得。如果老王早早地自我调节，克服攀比心理，脚踏实地，好好工作，也许自己下一次也能涨工资了。

现实生活中，每个人产生攀比心理的原因有是多种多样的。那么，我们应该怎样避免盲目攀比给自己带来的无尽的烦恼呢？

首先，调整好自己的心态。不要总是拿自己与物质条件好的人比，也不要不顾自己的实际能力而对自己提出过高的要求。珍惜自己已经拥有的，安心地过属于自己的生活，谨记一个原则——凡事量力而行。

其次，降低期望值，调整自己不切实际的想法。俗话说"解铃还须系铃人"，想要克服自己的攀比心理，就得从我们自身着手。因为我们是最了解自己的人，我们知道自己的优点是什么，缺点是什么。我们最清楚自己的付出能获得什么样的回报。当我们能客观地看待自己的时候，心理自然能够平衡了。而且这种心理平衡不会受客观条件的制约和人为因素的影响。

此外，我们还可以根据个人的情况，培养兴趣爱好，锻炼身体，放松身心，提高身体素质的同时提高心理素质。当自己感觉到巨大的心理压力或出现悲伤、愤怒、怨恨等情绪时，可以向亲朋好友倾诉，或者给自己放个长假，换个环境和心境。

三、学会换位思考

因为我们在日常生活中要独自承担生活的重担，所以我们也许已经习惯了凡事先为自己考虑，这点本无可厚非。但如果过分地为自己考虑，总是以自我为中心，就会走入误区。

世间万物，人生百态，没有两个完全相同的事物，也没有哪两个人的命运是完全一样的。当出现问题的时候，如果总是以自我为中心，不能站在对方角度去看问题，就会产生误会和矛盾。所以，在日常生活中，不要将自己的爱好和想法强加在他人身上，并理所应当地认为，因为我是这样，所以你也应该是这样。站在不同的命运轨迹上，各有各的感受，如人饮水，冷暖自知。如果我们能在这时多为他人着想，多站在他人的角度上看问题，那一定能得到人们的喜爱，人们也会更加欢迎自己，自己也会因此体验到更多的快乐。

拉里·埃里森是甲骨文首席执行官，他曾在报纸上刊登了一则招聘秘书的广告。广告一出，求职信像雪片一样的飞来。而绝大多数的信件开头都是"我看到报上的广告，我希望应征这个职位，我今年……"。只有一位女士的求职信与众不同，她并没有谈她想得到的，她只说："敬启者：您所刊登的广告可能已经收到两三百封回函，而我相信您一定很忙碌，没有时间一一阅读，因此，只需要您拨个电话，我随时乐意过来帮忙整理信件，以节省您宝贵的时间，凭借着我15年的秘书经验……"

收到这封信后，拉里·埃里森立刻给这位女士打了电话。他说，像她这样能从别人角度思考问题的人，不管走到哪里都是非常受欢迎的。

从对方的角度思考问题，不仅能"知彼"，而且还能帮助我们"知己"，正所谓当局者迷，旁观者清，遇到问题的时候，将自己摆在旁观者的位置上，更有助于我们认清当下的状况。当我们站在对方角度上看问题的时候，立即就能获得一种走出局限，发现真相的快乐。我们常说，事物都是有其两面性的，其实不仅如此，一个事物往往有很多个方面。如果我们突破"只关注自身"的局限，学会从不同的角度看待问题，那么你就会发现，条条大路通罗马，这是一条亘古不变的真理。

洛克菲勒是一代石油大王，他年轻的时候曾随着淘金大军来到了西部一个偏僻的小镇，镇长热情招待了他们一行人。那些日子，当地连续下了几天的大雨，镇长门前的小路泥泞不堪，很多人为图方便都会从镇长门前的花圃里穿行。花圃里的植物被践踏得东倒西歪，洛克菲勒看见这个状况十分生气，他站在镇长的花圃前，想阻止人们的这种举动。这时，镇长挑了一担煤渣过来，把泥泞不堪的路铺上了。人们也都开始很自觉地走大路，再没有人从花圃里面走了。

镇长拍着洛克菲勒的肩膀，说："看到了吧，年轻人，关照别人就是关照自己啊！"洛克菲勒听后，感触颇多。从此以后，不管他做什么事，都会想起镇长的话，多从他人的角度出发，最终成为了一代石油大王。

困难是生活中最常遇到的，问题是生活中出现频率最高的，当我们遇到困难和问题的时候，要学会控制自己的情绪，不要反应过度，同时告诉自己，不一定非要用直接的方法去处理他们。如果我们只凭借着自己的思维来处理，一意孤行的话，很可能会吃更多的苦，受更多的罪，还不一定能解决问题，要学会从他人的角度看问题，问题也许就能迎刃而解了。

拒绝卑微，谱写快乐生活

也许我们生得很平凡，过得很平淡，但只要我们不自轻自贱，我们的生活就会是充实并充满快乐的。

一个人是否卑微，是由其自身的因素决定的，并不取决于他人的评价和看法。

有一个出生在贫穷的农户家的小男孩，从很小的时候就要跟着父亲下地种田。在田间休息的时候，小男孩总喜欢望着远方出神。当父亲问他在想些什么的时候，小男孩回答说："将来我长大了，既不种田，也不上班。我要每天待在家里，等别人寄钱给我。"父亲听了，笑着说："荒唐，别白日做梦了！我保证没有人会寄钱给你的。"

小男孩后来上学了，有一天，他从课本上看到了有关埃及金字塔的描述，被金字塔的雄伟壮观深深吸引。于是放学后跟父亲说："将来等我长大了，我要去看金字塔。"父亲生气地拍着儿子的头说："这太荒唐了！别再白日做梦了，我保证你去不了。"

小男孩十几年后变成了大男孩，考上了大学，毕业后做了记者，每年都出几本书。他每天坐在家里写作，出版社、报社给他往家里邮钱，他再用这些钱去埃及旅行。站在金字塔下，想起小时候爸爸说过的话，大男孩抬起头，心里默默地对父亲说："爸爸，人生没有什么被保证做不了的。"

这个大男孩就是台湾最受欢迎的散文家林清玄。那些在他父亲看来十分荒唐、根本不可能实现的梦想，林清玄在几十年后把它们都变成了现实。林清玄为了实现这些梦想，十几年如一日，每天早晨4点就起床看书写作，每天坚持写5000字，一年就要写100多万字。正是凭借着坚持不懈的努力和奋斗，林清玄才能最终实现自己的梦想。

衡量一个人的标准，既不是他的出身，也不是他的条件，更不是他人的评价。衡量一个人的标准，是这个人对自己的态度。如果他觉得自己是卑微的，那么即使他拥有千万家产，他的人生也是失败无望的人生。不管在什么状况下，都能看重自己，对自己充满信心，并不断地努力、奋斗，他的人生就是成功的人生。

机会无处不在，关键是看你是否有勇气去抓住机会，只要你对自己充满信心，并愿意为之付出努力，就一定能够获得自己想要的幸福。

心怀梦想，创造幸福奇迹

只有那些怀着高远梦想并为之全力拼搏的人，才能创造幸福的奇迹。

每个人在成长的历程中都曾有过种种奇妙、瑰丽的梦幻，但渐渐地，由于他人的嘲讽、怀疑，自己的动摇、退却，梦想终究只是梦想。

在法国的乡村，有一位普通的邮递员每天在各个村庄奔走，为人们传送邮件。

一天，他在山路上不小心摔倒了，不经意发现脚下有一块奇特的石头，他爱不释手地抚摸着石头，最后他把那块石头放进了邮包。

村民们看到他的邮包里放着一块沉重的石头，都感到很奇怪。

他取出那块石头晃了晃，得意地说："你们有人见过这种奇特的石头么？"

有人摇了摇头："这种石头在这里随处可见，你一辈子都捡不完的。"可是，他并没有因为大家的不理解而放弃自己的想法，反而想用这些奇特的石头建一座奇特的城堡。

从此以后，他开始了一种全新的生活。白天，他一边送信一边捡这些奇形怪状的石头；到了晚上，他就琢磨如何用这些石头建造城堡。

所有的人都觉得他很疯狂，因为这种事根本就不可能发生。

二十多年以后，在他住处出现了一座错落有致的城堡，可在当地人的眼里，他所做的一切就如同小孩建筑沙堡的游戏一样。

20世纪初，一位路过这里的记者发现了这座城堡，被这里的风景和城堡的建造格局深深折服，为此写了一篇文章。文章刊出后，邮差希瓦勒和他的城堡立刻成为人们关注的焦点，甚至艺术大师毕加索也专程到那里拜访。

今天，这个城堡已成为法国最著名的风景旅游点，每年来参观的游人络绎不绝。

据说，当年那块被希瓦勒捡起的石头，被立在入口处，上面刻着这样一句话："我想知道一块有了愿望的石头能走多远。"

原来，人的心有多远，人的脚步就能走多远，美丽的梦想就能走多远。一个如果没有高远梦想的人就像一艘没有舵的船一样，永远漂泊不定、心无所依，那么必然会搁浅，由失望、灰心而导致失败就在所难免。

有一个天生愚笨的小和尚，同时入寺的师兄们都已有不深不浅的悟性了，但是他还是不能开化，负责教导他的大和尚忍不住了，跑去住持那里去诉苦，要求把小和尚赶走。主持只是淡淡地说了句："他每日诚心诵佛，勤勤恳恳，并没有犯大的错误，再给他一些时间吧！"

又一年过去了，小和尚虽然每日依旧诚心念佛，却仍然没有开化，大和尚又跑到住持那里诉苦："住持啊，赶他走吧，他实在没有佛缘。"

第8章　认清自己，克服人性的弱点

住持说:"他自知自己天生愚笨,却并没有丧失希望,每日依旧诚心诵佛,弟子尚且如此,做师父的为何不能给他一个机会呢?再等一等吧。"

大和尚说:"如此愚笨之人,要等到什么时候?"

住持笑着说道:"不远了。"

见赶不走小和尚,大和尚就安排他去做一些砍柴挑水之类的粗活,在干活之余小和尚就坐在大堂殿外,静心参佛。

年底,寺院召开一年一度的佛光大会,向来木讷的小和尚竟然语出惊人,将寺院的高手一一辨退,独占大会鳌头。

会后,大和尚对住持说:"想不到这孩子平日里完全看不出有这般机灵,居然是个深藏不露之人。"

住持笑道:"只要每天满怀希望,诚心诵读,开化无非是时间早晚问题。"

内心充满希望,可以为你支撑起一身的傲骨,增添一分勇气和力量。当莱特兄弟刚开始研究飞机的时候,许多人都讥笑他们是异想天开,当时甚至流传这样一句话:"上帝如果有意让人飞,早就使他们长出翅膀了。"但是莱特兄弟对于外界的看法毫不理会,最终成功发明了飞机。

当伽利略以望远镜观察天体,发现地球并不是宇宙的中心,而是绕着太阳公转的时候,教皇曾将他关押进监狱,并命令他改变主张,但是伽利略依然继续研究,并著书阐明自己的学说,终于在后来获得了证实。所以,最伟大的成就,往往属于那些在即便大家都认为不可能的情况下,却始终能满怀希望并坚持真理的人。

当我们面对失败的时候,当我们遭遇厄运的时候,当我们面对重大灾难的时候,只要我们仍能在自己的生命之杯中盛满希望之水,那么,无论遭遇何种坎坷与不幸,只要我们始终保持一颗快乐的心,我们的生命就不会枯萎。

第 9 章
端正心态，笑看风起云涌

在漫长的人生旅途中，我们遇到的最糟糕的境遇往往不是贫困，不是厄运，而是精神和心境处于一种疲惫而毫无生机的状态。原本生活得很好，各方面的条件也不错，然而却常常心存厌倦之情。持此种心态的原因在于对生活缺少激情，因此，即使面对再精彩的生活，也会视而不见。

抱怨会让你远离快乐

《圣经》中有这样一句话："为什么看见你弟兄眼中有刺，却不想自己的眼中有梁木呢？"

如今，怨气一样的声音似乎如同像空气一样无处不在。

小孩有怨气，怨家长强迫自己做不喜欢做的事，怨自己想买玩具的小小愿望无法得到满足；

学生有怨气，怨不能学自己喜欢学的课程或自己感兴趣的东西，怨家长对自己寄予的期望太高；

家长有怨气，怨自己的孩子不能成龙成凤，怨学校的门槛越来越高；

老师有怨气，怨自己的工资收入比不上机关，怨升学压力大，怨没有受到社会的普遍尊重。

人类生活在客观世界中，有许多事情是不能以人类的主观意志为转移的，因此，我们不能以自己的主观好恶为判断标准，凡是我们自己接受不了的事情，我们就易生怨气，尤其是对上班族而言。你得顾及周围人的感受，你得照顾上上下下的关系。即使你是领导，那又会怎样呢？部下稍有不从，你心里也不舒服。也许有时候你会说他们"不当家不知柴米贵"，不懂得下级要服从上级，于是脾气来了，怨气也跟着来了。

生活与工作当中，朋友同事间，难免磕磕碰碰，也肯定有许多意见不一致的时候。某人说话的声音大了点儿，某人的眼神斜了一下，某人的嘴撇了一下，都让你觉得这些是冲自己来的，这样的状况一旦多了，就不免会小心眼儿，如一块石头压在了你自己的心上，顿时你会觉得怨气四溢。

夫妻二人同吃一个锅里的饭，同睡一张床，小打小闹倒也正常。今天你瞪眼，明天我拍桌，不是你的爹娘花钱多了，就是我的父母有病了，再不就是孩子不听话。你回家晚了她猜疑，她回家迟了你瞎想，好日子不往好了过，斗嘴闹气，怨气不请自来了。

自己遇到烦心的事，不方便对别人说。上级批评，同事挖苦，夫妻反目，孩子出走，父母生病，经济拮据，人家有房有车，甚至还有别墅，有的甚至不止一套，而你却无栖身处……叹老天不公，恨自己无能，于是，借酒浇愁，一塌糊涂。倒霉事儿甩不掉，怨气紧跟着就来了。

大家怨来怨去，怨气就会越来越多，可社会还是那个社会，人也还是那个人，并不会因为抱怨而有所改变，倒是那些习惯抱怨的人，却会远离快乐。

其实，抱怨对我们来说，是毫无益处的，它只会使你自怨自艾、怨天尤人。更重要的是，它是所有负面情绪的最大来源。也就是说，在大多数时候，我们的负面情绪都是来自于对他人的抱怨，以及对周遭事物的不满，当你过多地关注生活中的不愉快时，怎么能够得到快乐呢？

俗话说"人生不如意事十之八九"，凡事抱怨的人只会让自己活得不快乐，停止抱怨才能得到快乐。

　　有一位女士，逢人就笑话她家对面的邻居十分懒惰。她总是对别人说："住在我家对面的那个女人真的很懒，她的衣服永远都像一块抹布，老是布满黑色的污渍！我真是无法想象一个人怎么会懒到这个程度！"

　　有一天，这位女士的朋友登门拜访，她不改往日的习惯，又开始唠叨。刚开始的时候，她的朋友还耐心聆听，最后实在是忍受不了了。只见这位朋友直接走到厨房，拿了一块抹布，一边擦着窗户一边问她："你没有发现你邻居衣服上的污渍，其实就在你家的玻璃窗上吗？"

如果你像这位女士一样，只是用挑剔的眼光来看待事情，一点点的不完美也会在你的心中生出抱怨，并不停地放大，成为难以忍受的过失，你会因此而郁闷不安，快乐，就会远离你。

朋友，要让快乐靠近你！远离它或者失去它的话，那将会是你的一大损失。生活当中，我们又有几人愿意失去快乐呢？相信一个也没有。

那么，要如何做，快乐才不会那么轻易地远离你呢？懂得凡事先反省自己，从此刻开始，停止抱怨，宽容待人，学习用欣赏的眼光看待这个世界。你将会发现，当你懂得欣赏人、事、物的美好的一面时，生活中的欢乐也会随之而来，并不断增加！

笑对人生困境

笑对困境，将所有的困难、挫折、失败都看成人生路上的一项历练、考验、原动力，它们是难得的财富。

顺境和逆境是我们人生当中所经历的两种人生境况。每一个人或许都能微笑地面对顺境，但是，笑对人生困境，能做到者恐怕少之又少。你或许会说："让我笑对人生困境？我做不到，因为对于困境我躲都躲不及呢！"但其实，越是那些快乐的人，越是会坦然地面对困境。

曾有人写过关于自己两个母亲——生母和婆婆的故事。

我的母亲天生丽质，据说她小时候曾被抱上戏台，扮秦香莲的女儿。待她化上妆以后，个个对其称赞不已："这丫头，长大准是个美人！"果不其然，我的母亲越长越漂亮，往那儿一站，倾倒一大片。可惜她的父母早早过世了，哥嫂做主把她嫁给了一个老实巴交的农民。我的母亲自叹命苦，常常蓬头垢面地坐在炕头上，骂天地，骂猪骂鸡，骂丈夫儿女，然后睡在炕上哼哼。一切都让她心灰意懒，她最大的爱好就是算命，算算什么时候能过上好日子，穿新衣、吃好饭……我的母亲的心情基本上只有两种，不是发怒就是发愁。发怒的时候，两只眼睛使劲往大睁；发愁的时候，眉毛拧成两个大疙瘩攒在眉心。

我的婆婆和我的母亲正好相反，她绝对说不上漂亮，黑黑的皮肤，瘦骨嶙峋，看不出一点儿美丽。我的婆婆是长女，当时家境贫困，她的父亲卧病，我的婆婆早早就挑起了生活的重担，饱受辛苦和磨难。后来她也嫁给了一个穷得连栖身之处也没有的农民，无奈只好借住在娘家。两口子最大的愿望就是盖一栋自己的房子。几经努力，终于，他们盖起了属于自己的房子，可是天不遂人愿，新房子压住了规划线，按照规定，马上就要拆掉。虽然我婆婆当时连哭的力气都没有了，但她还是咬咬牙，说："拆就拆，我还能再盖！"多年来，虽然我的婆婆吃过不少苦，受过不少罪，但无论多苦多难，她也从不怨天尤人，相反还整天笑呵呵的。我的婆婆最常说的一句话是："哭也是一天，笑也是一天，为什么不高高兴兴过日子呢？"如今我的婆婆一家子都搬离农村，进了城。她也老了，但反而比年轻时好看：脸上舒展，不见皱纹，只在眼角处有几条鱼尾纹，使她看起来很年轻，让人觉得亲近。

当有一天我的婆婆和我的母亲紧密地坐在一起时，我才发现岁月分别给予了她们什么：我婆婆是一张笑脸，我母亲是一张哭脸。从这两张脸上，我见识了什么是时间的刀光剑影，也明白了什么叫作"相由心生"。

是的，人生并不可能处处充满阳光，处处撒遍鲜花，更多的是风雨和荆棘。人生在世，各种酸甜苦辣都要尝到。未经历过苦难的人生并不算真正意义上的人生，也不是一种完美的人生。困境虽然会给我们带来不幸、挫折、打击、损失、失败和痛苦，但它也有积极的一面，它能使我们奋起、成熟，并从中的锻炼。实际上，生活是一面镜子，你对它微笑，它也对你微笑；你冲它哭泣，它也对你哭泣；你冲它发怒，它也对你发怒；你把它击碎，你也会看到镜中那个支离破碎的自己。而困境恰恰又是生活的一种形式，因此，你也应该笑对困境，这个笑应该是微笑，它并不是没有意义的傻笑，而是对自己的一种鼓励，是一种自信。只有敢于面对生活，笑对人生的人，才是命运的掌控者，才能获得快乐的人生。

人生，难免会有一些大大小小的困境，而且，随着社会的发展、竞争的加剧，困境也会越来越多。你更应该做到坦然面对困境，接受风雨的考验，勇于从困境中奋起。

天无绝人之路，要学会乐观地看待面前的困境，静思良策，因祸得福的一刻就有可能出现。因为奇迹往往就是那些在困境面前保持乐观的人创造的。

其实，笑对困境，要做到这一点并不太难，只需在以下三个方面做个"明白人"就足够了。

第一，要明白，人活一世，磕磕绊绊、沟沟坎坎之事是难以避免的，即使是那些千古英雄、大圣人也在所难免，更何况我们这些普通人了。因此，对我们而言，困境实乃家常便饭。

第二，要明白，人死万事休，除了"死"是大事且无可挽回外，其他的什么困难、挫折、失败乃至生活中大大小小的不顺心、不如意，都不是什么天塌下来的大事，不必大惊小怪。

第三，要明白，人生中的任何经历都有它独特的价值所在，人每走一步都有收获，而且从一定程度上讲，困境能让人得到更大的收获。所谓"水激石则鸣，人激志则宏"。困境的另一面其实就是幸运，试想，如果没有那些失败和挫折，没有那些曲折和苦涩，我们也许还不会取得那么大的成功。

敢于接受无法改变的事实

　　事情既然已经这样，就不会另有别样。不妨马上转换角度，把它当作一种既成事实来接受，并且耐心地去适应它。

　　在漫长的岁月中，每个人都不可避免地会遇到一些令人不快却又无法改变的事，这时，你该怎么办呢？

　　与其选择死缠不放，用无休止的抱怨毁了自己的生活，甚至把自己搞得精神崩溃，郁郁寡欢，不妨马上转换角度，把它当作一种既成事实来接受，并且努力地去适应它，然后立刻做下一件事情。

　　曾经有人问一位没有左手的残疾人："你少了一只手会不会很难过？"那位残疾人说："噢，不会，我根本就不会想到它。只有在要穿针的时候，我才会想起自己没有左手。"

　　哲学家威廉·詹姆斯说过："要乐于承认事情就是这样的情况。能够接受已发生的事实，就是能克服任何不幸的第一步。"其实，人在无法改变的现实面前，几乎天生就具有能很快接受任何一种让人难以接受的情形的能力，或让自己慢慢适应，或者干脆视而不见，把它当作本来如此的事。

　　你看到过哪一头母牛因为草地干枯，天气太冷，或者是哪头公牛追上了别的母牛而发火吗？既然动物都能很平静地面对必须来临的夜晚、无法阻止的暴风雨和没有食物带来的饥饿，却没有精神崩溃或者是患胃溃疡，更何况是人呢？然而，这并不是说，我们在碰到任何棘手的事情时，都要低声下气，消极怠惰，那样就与宿命论者没有撒满区别了。无论在何种情况下，倘若事情还有一点儿挽救的机会,我们都要奋斗,都要积极争取。当你做了一切努力,依然于事无补时,那么你就接受这个既成事实。

莎拉·班哈特,一位曾经被全世界观众最喜爱的女演员,她在71岁那一年破产了——所有的钱都损失了,而她的医生——巴黎的波基教授告诉她她必须把腿锯断。这真是雪上加霜啊!她因摔伤染上了静脉炎、腿痉挛,医生觉得她的腿一定要锯掉,但在当时,又怕把这个坏消息告诉那个脾气不太好的莎拉。然而,当医生把这事告诉莎拉时,莎拉看了他一会儿,很平静地说:"如果非这样不可的话,那只好这样了,这就是命运。"这位医生对此简直难以置信,他确实被莎拉的表现震撼了。

当莎拉被推进手术室的那一刻,她的儿子站在一边哭。"不要走开,我马上就回来。"莎拉朝儿子挥了下手,高高兴兴地说。有人问莎拉这么做是不是为了提起自己的精神,她说:"不是的,是要让医生和护士们高兴,他们承受的压力可大得很呢。"

莎拉·班哈特在手术之后,继续环游世界,她的观众又为她痴迷了七年。

敢问谁有足够的精力,既能抗拒无法改变的事实,又能创造新的生活?没有人。因此,当你不再反抗那些无法改变的事实之后,你只能有一种选择——节省精力,创造更丰富的生活。松柏面对无可避免的暴风雨时,要么选择弯垂下它们的枝条去避险,要么选择因抗拒暴风雨而被摧折。其实,二者的道理是一样的。

"对必然的事,要轻快地去承受。"这句话自有其道理。

走出曾经的阴影，正视当下的处境

黑夜前面就是黎明，你需要做的就是坚持一下、再坚持一下，努力一下、再努力一下。

时光永远不停息，我们不能因为有了昨天的辉煌就忘记了明天的跋涉，曾经的成就或者损失都是过去的事情了，要学会忘记过去，让自己重新开始，整装出发，抓住今天才是快乐的真谛。

彼德·杜拉克，这位被世人尊称为"现代管理之父"曾经有这么一句话："管理者要集中精力做好一件事，一条原则是不让'昨天'影响'今天'，将不再具有生产性的'昨天'甩掉。"

这世间的芸芸众生，难道这一生中都会一帆风顺、无波无澜吗？当然不会。命运如同一叶颠簸于大海之中的小舟，时刻都可能会遭受波涛无情的袭击。"万事如意"仅仅是美好的祝福而已，这个祝福在活生生的现实面前总是显得那么的苍白无力。某些人，错过了，就不要再纠缠；某些感情，失去了，就不要再留恋；某些事情，过去了，就不要再懊恼。如果一个人总是停留在过去的人、过去的事上面，那么他是不会快乐的。对于这样的人而言，过去的种种不快如同千斤大石一般，压在他们的心里，始终无法释然。背着这些沉重的负担，前进的步伐自然就会慢下来。

一位成就卓著的美国心理医生，在即将退休时，他写了一本长达1000多页医治各种心理疾病的专著。书中有各种心理疾病的治疗办法。

这本书出版后引起了很大的轰动，许多团体和大学邀请他去为学生们讲学。一天，这位心理医生应邀到一所大学讲学，在课堂上，他拿出了这本厚厚的著作，对学生们说："这本书有1000多页，里面有治疗各种心理疾病的方法和药物，但所有的内容，概括起来却只有几个字。"此刻，学生们都很吃惊，纷纷以惊愕的目光看着他。于是他转身在黑板上写下了"如果，下一次"。

他继续说道："事实上，许多人备受精神折磨的原因都是'如果'两个字，比如'如果我不做那件事''如果我当年不娶她''如果我当年及时换一份工作'。书中治疗方法有几千种，但最终的方法只有一种，那就是把'如果'改为'下一次'，比如'下一次我有机会一定那样做''下一次我一定不会错过我爱的人'。总之，造成自己心理疾病的，影响自己幸福观念的，有时候，并不是因为物质上的贫乏或富足，而取决于一个人的心境的改变。如果心灵浸泡在后悔和遗憾的水中，痛苦就必然会牢牢占据你的整个心灵。

"懊悔在人的一生中，就像一剂慢性毒药，在无休无止地磨灭你的意志，在不知不觉中消耗你的快乐，降低你成功的概率。它又像一些蛰伏在我们生命长堤上看似渺小的蚁穴，但总有一天，我们会被它引来的巨浪所吞噬。去掉'如果'，改说'下一次'，你就找回了真实的自己，它就是你生命里的阳光、空气和水。这一切对谁都非常重要，只因为它构成了使你生存下去的要素。"

一定要学会走出曾经的阴影向前看，如果硬要说这世界上有后悔药可以用来医治自己的懊悔的话，那就是对自己多说"下一次"。下一次机会来临时，记得全心全意去为自己的梦想而奋斗。不要用永不可能的"如果"将自己牢牢绑住在过去，珍惜现在，珍惜将来，这才是真正的、最好的良药！

曾任英国首相的劳合·乔治，有一次和朋友在院子里散步，他们每走过一扇门，乔治总是会随手把门关上，他的朋友很纳闷地说："你有必要那么做吗？"乔治微笑着说："当然有必要了，我这一生都在关我身后的门。你知道这是必须做的事。随手关好身后的门，也就是将过去的一切都放在后面，不管是成功的，还是让你悲伤的。然后，你从关门后的那一刻就可以重新开始。"

乔治的这位朋友听完他的这番话后，陷入了沉思。乔治也正是凭着随手关好身后的门的精神使自己走向了成功，最终坐上了英国首相的位置。

要记得随手关上身后的门，这是想做一个快乐、成功的人所必须牢记的。伤感也好，后悔也罢，它们都不会改变你的曾经的一切，也不会让时光重新来过。每个人可以对曾经的失误进行总结，但是切记不要为曾经做错的事而耿耿于怀。总是把自己笼罩在曾经的阴影中，对于我们弥补错误毫无用处，反而会使我们情绪低落，整日生活在沮丧中。即使有机会摆在我们的面前，我们都没有争取的力气了，因为我们已经将全部精力都放在了懊悔上。这样的恶性循环，我们的生活将会阴云密布，毫无希望。所以，我们要学会将曾经的错误与失误通通都关在你的身后，向前看，做一个快乐成功的人，一直往前走！而要想忘记曾经的不快，关键要做到以下三点。

第一，要对过去产生不快的真正原因要加以分析，对症下药地进行自我排解，解开自己的心结，重新乐观、快乐起来。

第二，多和一些乐观的人探讨一些有趣的事。要把握当下，为自己制定一些有意义的人生计划与目标，并将自己的着眼点放在这些计划与目标上，达到扭转视线的目的。

第三，多展望一下美好的未来，这样有助于忘记曾经的不快。只要勇于进取、顽强拼搏，就能以乐观的心态迎接美好的未来。

其实，在现实生活中，能够以正确的态度和行为面对挫折与挑战并不是一件简单的事情。如果你稍微留意一下，就会不难发现周围的不少人，他们或因工作、事业中的挫折而苦恼抱怨，或因家庭、婚姻关系不和而心灰意冷，甚至有的因遭受重大打击而产生轻生的念头，生命似乎是那么的脆弱。

面对生活中的处境当我们感到不知所措之时，一定要保持乐观、积极的心态，永远都不要轻易放弃，请相信，机会一定就在离你不远的前方，它一定在等待着你。

失败可以激发潜能

现实生活中，几乎每个人都厌恶失败，然而，无失败，就无所谓成功，关键是看我们在失败时持怎样的态度。

"人有悲欢离合，月有阴晴圆缺"，同理，生活中，任何人都不可能只拥有成功，也不可能只拥有失败。其实，成功和失败是一对孪生兄弟，总是相伴而生。人的一生，说到底，就是在成功和失败之间荡秋千。

通向成功的道路崎岖不平，我们往往在经历几次甚至是无数次失败后才会获得成功，因此，我们不要因惧怕而逃避失败。人的一生也不会一帆风顺，一个人的一生如果不遇几次大的失败，他就不可能体会到生活及人生的深刻内涵。如果你一遇到失败就退却了，你将陷入更大的失败和极度的苦闷之中，你将永远看不到成功的曙光。当你勇敢地面对失败时，你会惊异地发现，失败原来也是一种收获，是酝酿成功的肥沃土壤。只要你在跌倒处站起来，昂起头，挺起胸，继续向前冲，顽强开拓，生命的吉他就会奏出迷人的乐章。古今中外哪一个有成就的人不是经历了无数次失败，在失败的泥坑中爬起来，然后行色匆匆，一如既往的呢？对他们而言，有一千次的失败就意味着第一千零一次的站起。越王勾践做亡国奴时被人当马骑、亲尝吴王粪便，后来归国后卧薪尝胆，终于一举灭吴。著名作家贾平凹刚开始创作时，面对一百多封退稿信，他将它们全贴在墙上，以激励自己，经过努力奋斗，终于一举成名。

在你失败时，可能会引起别人的冷嘲热讽或挖苦。但只要坚信你自己的追求是光明的、进步的，就让那些流言蜚语随风而去吧！正如但丁所说："走自己的路，让人家去说吧！"

没有失败，就无所谓成功，关键在于我们对于失败持何种态度，生活就是要面对失败和挫折。当你一蹶不振而悲观失望时，切记失败是成功之母，几次碰壁也根本算不上什么，人生后边的路还很长很长。项羽当年一败涂地，无脸见江东父老，自刎于乌江。后来，杜牧游此地时题下了这样的诗句："胜败兵家事不期，包羞忍耻是男儿。江东子弟多才俊，卷土重来未可知。"在杜牧看来，如果项羽回去重新起兵，也许有朝一日东山再起。据说曾任美国总统的尼克松因"水门事件"下台后，一位老先生曾对他说："不管你是已经被打倒，还是快要支持不住了，请你时时刻刻不要忘记，生活就是99个回合。"据说这一段话使他决心抛弃以前的不幸，重新迈向新的成功。倘若当年尼克松就此消沉下去，那么他后来也就不会对世界产生那么大的影响，也不会有那么多颇具建树的著作问世。

其实，失败并不可怕，可怕的是你根本不去思索，不去回味。只要你冷静地去分析失败的原因，找出自己的弱点，采取切实可行的改进措施，提前为下次的成功做准备，相信总有一天，你会成功。相信从小到大，我们一直被耳提面命一句古训是亲君子远小人。只是，在江湖上行走的时间久了，蓦然发现，大众口中小人或者君子的定义，往往有主观片面狭隘之嫌。何谓君子？何谓小人？在大多数人的心中，利我者就是君子，损我者就是小人。

当然，不排除这世间天生存在生性高洁的圣人之辈，只是，更多的大众，吃五谷杂粮食人间烟火，心里心外难免都有些许微微的"小"。"这个世界上没有永远的朋友，只有永远的利益。"这句话它包含了一个朴素的真理——人与人之间的交往法则——吸引力法则。生物的本能如飞蛾趋光，向日葵趋太阳；人的本能则是趋利益，特别是趋近表面利益。

大多数情况下，我们所说的小人，不过是同自身环境、性格不合拍的那些人。总的来说，小人通常包括给你压力的人、否定你的人、伤害你的人这三种。

对于此类"小人",一般人的选择是敬而远之,眼不见、心不烦。然而,令人想不到的是那些能够不断给你压力、否定你甚至伤害你的人,其实正是你生命中的贵人。

每个人都喜欢自由自在的生活,可是,每个人似乎又都逃脱不了被束缚和被压迫的人生。小时候,父母给我们压力;上学后,我们又要被老师管束。后来,好不容易熬到大学毕业,自立门庭,单位的领导,身边的另一半,又开始天天耳提面命、恨铁不成钢。于是,我们心中多了些怨恨,甚至渴望自己能够变成一只自由自在的飞鸟。但是,你是否意识到,即便是一只飞鸟,它也会面临风雨雷电,也会有被猎人的射杀的危险。

有这样一则寓言:两棵盆栽,同时被选来做盆景,园艺师在它们身上分别悬挂了重重的石头。甲盆栽受不了巨大的压力,偷偷扔掉了石头,而乙盆栽却一直默默地坚持着。后来,乙盆栽长成了虬枝盘旋的佳品上了厅堂,而甲盆栽却一路疯长毫无节制,它只能进厨房做劈柴。树都如此,何况我们人呢?人的潜力犹如海绵中的水,压力越大,被挤压出的能量就越多。因此,如果一个人真的要想做出点成就来,有一种人实在是必不可少的,而这种人就是不断给你压力的人。

其实,人生意义的丰富就在于它的千姿百态和迂回曲折。有些时候,一些贵人降临在你面前时,你不一定能一眼认出来:这个人可能是压力制造者,可能是执见不同、据理力争的否定者,更有可能是打着掠夺的旗号,将刀子插入你心脏深处的伤害者。这时,我们换个角度思考一下,他们对你的所有"坏",是否能让你因"悟"得福,越挫越勇,终至决胜千里之外呢?相反,倒是那些一团和善、满面春风的谦谦君子,除了无关痛痒地给你抬抬轿子、拍拍马屁,让你由内而外愉悦一番之外,还会有什么益处呢?

如果你是一条鱼,那么"小人"就是鱼池中的鲶鱼,它们总在兴风作浪,让你有一种危机感,从而激活你的生命力,让你得到锻炼。

坚守信念，守护快乐

人生旅途极其漫长，我们难免会遇到困难，但困难并不可怕，遇到挫折也无须长吁短叹，只要心中的那份信念仍然没有被剥夺，快乐就永远属于你。

据相关研究表明，大部分人所发挥出的能力其实只是自身能力的冰山一角，潜能是我们现有能力的十倍以上。信念如同一根导火线，它能最大限度地激发人的潜能，帮我们达到一个新的境界。信念，简单来说，就是人们对理想所抱有的坚定不移的观念和坚决执行的态度，是对某种事物产生的某种感情，并为其实现而产生的坚持不懈的努力的一种心态。

斯科特·汉弥尔顿，曾获得过奥运滑冰冠军。他从小被一对大学教授收养，奇怪的是，他2岁时，就不再长高了，他的身体状况也每况愈下。收养他的夫妻为此而十分着急，几经辗转，经过数名专家会诊，终于查明了原因。斯科特·汉弥尔顿患上了一种阻碍消化和吸收食物营养的疾病，这种疾病还十分罕见。医生认为他只剩下6个月的生命了。令人感到欣慰的是，通过静脉注射营养液，斯科特·汉弥尔顿恢复了一些体力，但他的生长发育仍然非常缓慢。

斯科特·汉弥尔顿一直在医院里整整住了7年，那时他9岁。在这期间，他的姐姐斯科特·汉弥尔顿·苏珊去滑冰场滑冰时，他总是会跟着一起去。姐姐滑冰，斯科特·汉弥尔顿就站在场外，看上去十分虚弱瘦小、发育不良的他，鼻子里甚至还插了一根通到胃里的鼻饲管——平时那根管子的另一头就用胶带黏在他耳朵后面。

看着滑冰场上自由自在滑冰的姐姐，斯科特·汉弥尔顿忽然转身对父母说："我想试试滑冰。"正在谈话的两个大人听到此话后，很是吃惊，都用难以置信的目光看着病弱的斯科特·汉弥尔顿。

最终，斯科特·汉弥尔顿穿上了滑冰鞋。他非常喜欢滑冰，在每一次练习中，你都能看到他的那份狂热。他在滑冰中找到了乐趣，他可以战胜别人，而且在滑冰场上身高和体重并不重要。

在第二年的体检中，医生惊奇地发现，斯科特·汉弥尔顿居然又开始长个儿了。虽然现在的他已经无法恢复正常的身材，但是这对他和他的家人而言已经不重要了。重要的是，斯科特·汉弥尔顿正在恢复健康，而且他正在为自己的梦想而努力。

后来，每当斯科特·汉弥尔顿出现之时，人们都会蜂拥而至，前来请他签名。因为他不久前又一次参加了世界职业滑冰巡回赛，观众对那一系列高难度的冰上动作而叹为观止，如痴如狂。

现在斯科特·汉弥尔顿已经退役，他已经不再是职业滑冰选手了，然而，他依然是冬季运动中受人尊敬的教练和评论员。尽管他的身高只有1.59米，体重只有52千克，但他肌肉健美，精力充沛。这就是信念给他的奇迹。

的确，在信念的作用下，通常我们会由于跳脱了自身的束缚而释放出巨大的、自己都难以想象的能量，做出自己曾经想都不敢想的创举。石油大王洛克菲勒曾经说："即使拿走我现在的一切，只要留给我信念，我就能在十年内又夺回它。"可见，只要拥有信念，就有创造奇迹的机会，它可以让许多不可思议的事情呈现于现实之中。

除了快乐，我一无所有

对未来保持了不同的信念就会有不同的人生,有两位年届70岁的老太太就是这样的一个例子。一位认为到了这个年纪可算是人生的尽头,于是便开始料理后事;而另一位却认为一个人能做什么事不在于年龄的大小,而在自己拥有什么样的想法。为了获得她快乐,她给自己订下了更高的计划,在70岁高龄之际开始学习登山。在此后的25年里,她一直险攀登高山,其中几座是世界名山。就在她95岁的高龄的时候,她登上了日本的富士山,打破攀登此山年龄最高的纪录。

很显然,信念可以左右你的命运,可以改变你的人生,可以决定你是否快乐,以及决定你生命质量的高低。信念是我们从在过去的经验中累积而学会的,它不是自然生成的,它是我们生活中行动的指针,为我们指出人生幸福的方向。我们的人生到底是喜剧收场还是悲剧落幕,是丰富多彩还是无声无息,归根究底,都取决于你持有什么样的信念。

正面看人生，处处有生机

正面看人生，处处有生机。一个人愈能理解这一点，愈能减少抱怨，也愈能体会到生命的宝贵和人生的快乐。

在漫长的人生旅途中，我遇到的最糟糕的境遇往往不是贫困，不是厄运，而是精神和心境处于一种疲惫而毫无生机的状态。原本生活得很好，各方面的条件也不错，然而却常常心存厌倦。持此种心态的原因在于对生活缺少激情，因此，即使面对再精彩的生活，你也会视而不见。

一天，一个小女孩与她的朋友一起走在市中心的街道上，忽然，这个小女孩对她的朋友说："我听见一只蟋蟀在叫！你听到了吗？"

"不可能，什么声音也没有，肯定是你听错了！"她的朋友竖起耳朵仔细听了一会儿说道。

"不，我真的听到一只蟋蟀叫的声音。真的！我敢肯定！"小女孩特别坚定地说。

然而，她的朋友就是不相信："现在到处是车来人往的，吵闹声、汽车喇叭声……你怎么可能会在这里听到一只蟋蟀叫！"

"我肯定听到了。"女孩很坚定地说。显然，她的态度依然很坚决。她边说边屏气凝神地搜寻这声音的来源。他们走过一个拐角，再穿过一条街道，然后四处寻找。最后，他们在一个街道的角落里看到一小簇灌木丛，小女孩仔细地搜索灌木丛中的枯叶，终于在枯叶堆里找到了那只蟋蟀。这让她的朋友目瞪口呆。

小女孩对她的朋友说："其实并不是我的耳朵比你的更敏锐，关键在于你在注意听什么。过来，让我给你演示一遍。"她从自己的裤兜里掏出一把硬币，并将这些硬币一一撒落在地上，硬币撞击水泥地面时发出了清脆的响声，此刻，周围所有的人都将头扭向了这边。"明白我的意思了吗？"小女孩一边解释给她的朋友听，一边拾起她撒落的硬币，一边说："关键在于你在注意听什么。"

的确，我们的耳朵听惯了金钱的撞击声，听惯了上级的命令声，听惯了下级的恭维声⋯⋯于是，我们对生活本身所隐藏着的那些美妙声音的感受力，就会变得无比迟钝；我们戴上了有色眼镜，因此看到的是满眼的灰色，生活中那美丽的彩虹根本没有办法进入我们的视线之内。其实，生活中处处有风景，只要你肯停下脚步，仔细找寻，望一望，生活的美丽便会映入你的眼帘。

实际上，大体来说，生命是平凡的，人生是平淡的，要寻找出这平凡之中寓有的深意，平淡之中潜藏的真情，你要用心才行。把目光从物质上稍稍移开，留点儿时间和空间给心灵和精神，为它们寻找一个家园。

下班后带着一身疲惫回到家中，卧在沙发上打开电视，又吃又喝又看，这何尝不是一种惬意？在风雪路上疾走着的你，如果遇到了一处可以取暖的房屋，这何尝不是一种巨大的幸福？在街头等朋友等得不耐烦的时候，忽然报栏里一张报纸中缝中登载的一则精妙小故事，使你旁若无人地大笑几声⋯⋯生活中有许多突如其来的快乐和惬意，只要你有一颗随时准备接受快乐的心。

"熟悉的地方无风景"，这是人们常说的一句话，其实这句话并不完全正确。因为只要我们肯去发现，就会不断地发现惊喜。生活中蕴藏着的景色是无穷无尽的。

每天进步一点点

　　每天进步一点点，每天都超越了昨天，如此"岁岁年年人不同"，长此下去，用心写好每天进步一点点的加号，迟早能享受成功的喜悦。

　　成功和快乐最好的契合方式是什么呢？也许有人会说，巨大的成功造就巨大的快乐。这话说得没错，但试问，实际生活中，普通群体里，能取得巨大成功之人又有几个呢？那没有取得巨大成功的人是不是就应该整日愁眉不展、以泪洗面呢？答案当然是否定的。

　　那这些人的快乐秘诀是什么呢？那就是：每天进步一点点，享受每一个小成功带来的快乐。此话听起来好像没有那种冲天的气魄、诱人的硕果、轰动的声势，可细细地琢磨一下，每天进步一点点，不会给自己带来太过沉重的压力，庆祝每一个小小的成功，能让我们经常与快乐和幸福相伴。能让我们时常生活在积极向上、乐观开朗的氛围中，人生如此，还有何求？

　　一次，一位成功的企业家，在演讲时拿出了很多五颜六色的皱纹纸带，将他们分发给在场的每一位听讲者，当场要求他们每人裁下一段30厘米的纸带。只能用目测，不能用量具测量。然后，又要求每一位听讲者裁150厘米和600厘米的纸带各一段。大家裁完之后，企业家掏出卷尺，认真地测量一条条纸带，结果显示，50厘米一组，平均误差不到6%；150厘米一组，平均误差上升到

11%；600厘米一组，平均误差高达18%，个别的相差100厘米。

我们从这个试验中可以看出：目标越小，越集中，越容易把握；目标越大，越宽广，越不容易把握。生活中也是如此，任何人认识问题能力的提高、学识的长进、工作成绩的取得、良好习惯的形成，都需要有一个逐步积累的过程，其实，它们在很大程度上就是"每天进步一点点"的总和，不可能一蹴而就。循序渐进，日积月累才是生活和工作的常态。

一位青年画家，他画出来的画总是很难卖出去，郁闷之余，他开始以抽烟、喝酒来打发时间。朋友看到他这个状态就建议他去拜访大画家阿道夫·门采尔。

青年画家问门采尔："我画一幅画根本用不了多少时间，可为什么卖掉它却要等上整整一年呢？"

门采尔沉思了一下，对他说："不妨请倒过来试试。"

青年人十分不解地问："倒过来？"

门采尔说："对，倒过来！如果你花一年的工夫去画，那么，卖掉它就只要一天工夫。"

"一年才画一幅，那得多慢啊！"年轻人惊讶地叫出声来。

"对！创作是一项艰巨的劳动，没有捷径可走，试试吧，年轻人！"门采尔严肃地说。

青年画家接受了门采尔的忠告，苦练基本功，深入搜集素材，周密构思，用了近一年的工夫画了一幅画，果然，他用了不到一天的时间就把这幅画卖掉了。

青年画家听了阿道夫·门采尔的建议，不再像以前一样指望着马到成功了，开始循序渐进，正是源于每天进步一点点，可想而知，这也是青年画家的巨大收获。静心作画，最终他取得了成功。他的成功伴随着一点点进步而带来了快乐。

每天进步一点点,并不意味着这个进步必须有多大,假如人们总是习惯于看到那些大的进步,而无法看到那些小的进步,那么最后就会因为没有发现自己的进步而失去自信,而感到绝望,那么这样的生活也不会快乐的。因此,即使你的进步很小,每天当你在床上躺下的时候,都建议用几分钟的时间回想一下今天你的进步在哪里,并充分享受小小进步中的喜悦。然后再为明天打算一下,看看自己应该如何再进步一点点。

每天进步一点点,使每一个今天充实;每天进步一点点,让我们享受快乐,而且也有勇气将这小小的进步坚持下去。因此,让我们珍惜这每天的进步,尽情享受每天都能享有的快乐!

第10章
苦中作乐，方显英雄本色

人世间幸福与不幸相生相伴、如影随形。不幸时幸福可能会悄然而至，幸福时不幸也可能会突然降临。所以每个人在不幸时不能过于伤心，也无须在幸福时洋洋得意。很有可能，不幸是走向成功的殿堂，幸福是走向失败的坟墓。因此，要冷静地对待人生的悲欢离合，切莫大喜大悲。

福祸相依，乐观看待一切

每个人的幸福与不幸往往是由自己的选择与放弃所决定的。一旦选择了幸福，就必须放弃可以导致不幸的任何东西。

从前有这样一个人，他整天希望自己得到上天的恩赐，让自己得到幸福。于是他日思夜想，终日祈祷。终于有一天，上苍被他的诚心所感动，于是特意派漂亮迷人的幸福女神来到他家。

当女神敲开他的家门的时候，他惊喜万分，赶忙请她进来。但是幸福女神并没有跟着他进来，反而说道："请您等一等，我不是一个人来的，我还有一个妹妹呢！"

于是女神把跟在自己背后的妹妹介绍给他。那人看后大吃一惊，同样是姐妹，姐姐貌若天仙，而妹妹却长得十分丑陋。他问："她是你妹妹吗？"

幸福女神说："是的，她是我的妹妹，她叫作不幸女神。"

见妹妹其貌不扬，那人便说道："我想请你进来，让你妹妹留在门外，可以吗？"

幸福女神听后，心里很不高兴，严肃地说："这可不行，我们俩如影随形，无法分开。无论走到哪里，都必须在一起。"

听到幸福女神的解释，那人才顿时恍然大悟，于是他高高兴兴地把幸福女神和她的妹妹一起请进了家门。

人生就是这样，幸福与不幸犹如一枚硬币的两面，形影不离。有时它们还相互转化。幸福中又有不幸，不幸之中有幸福，两者相依而存，相伴相生。

战国时有个小国，名叫中山国。有一次，那里的国君设宴款待国内的名士。由于羊肉羹短缺，仅有一部分人能品尝到它的味道。其中有一个名叫司马子期的人因为没有喝到羊肉羹，认为自己没有受到足够的尊敬和重视，便对中山君怀恨在心，发誓以后要伺机报复。后来司马子期到了楚国，他极力劝谏楚王攻打中山国，想要以此来报仇雪恨。

在司马子期的劝谏下，楚国很快就派兵攻破了中山国，中山国君无奈地逃亡到了国外。他逃走时中山国的大部分官员兵卒都已降楚。但是其中有两个一直跟随着他的人，在他们的保护下他才顺利逃走。

中山国君对他们如此忠心感到无比好奇，情不自禁地问道："别人都离我而去，你们两个人为什么还要如此忠心耿耿地保卫我？"

两人回答："从前有一个人在快要饿死的时候因获得您赐予的一碟食物而幸免于难，我们就是他的儿子。父亲临死前嘱咐，中山国有任何事变，我们都必须竭尽全力去帮助国王，甚至不惜付出生命的代价。"

中山国君听后，感慨道："给予不在于数量的多少，而在于别人是否需要。施怨不在于深浅，而在于是否伤了别人的心。一杯羊肉羹使我亡国，一碟食物却让我得到两位勇士。"

著名作家冰心在《谈生命》中写道："不是每一道江流都能入海，不流动的便成了死湖；不是每一粒种子都能成树，不生长的便成了空壳！生命中不是永远快乐，也不是永远痛苦，快乐和痛苦是相生相成的。等于水道要经过不同的两岸，树木要经过常变的四时。在快乐中我们要感谢生命，在痛苦中我们也要感谢生命。"

人生往往祸福无常。人生在世，就要勇于面对灵活多变的环境，适应变幻莫测的社会。每个人的幸福与不幸往往是由自己的选择与放弃所决定的。一旦选择了幸福，就必须放弃可以导致不幸的任何东西。

人生中的幸福和不幸常常是相互转化的，不幸的时候没必要丧失信心，幸福的时候也要居安思危。只有这样，一个人才会淡然地面对人世间的起起落落，不会因世间的起伏而难以自拔。有时幸福与不幸的发生往往在人们的一念之间。只要不斤斤计较，心胸坦荡，幸福与快乐就会伴随着他；一个鼠肚鸡肠、睚眦必报的人，等待他的只能是不幸与烦恼。

所以，每个处于不幸中的人，都没必要太过伤心，因为今天的不幸很有可能就是明天幸福的起点。

苦难是进身之阶

巴尔扎克曾经说过这样一句名言:"挫折和不幸,是天才的进身之阶;信徒的洗礼之水;能人的无价之宝;弱者的无底之渊。"

苦难对于庸人来讲,是前进道路上的绊脚石。但是在不屈的人们面前,它便会化为上苍赐给他们的力量,人格在它的洗礼中会得到升华,人生也会更加成熟。

我们常说,自古英雄多磨难。一个人正是经历了苦难和挫折的磨炼,他才从平凡的一分子成为某个领域的领导或者某一时代的英雄。历史证明,平凡者和英雄的区别往往在于前者在逆境中随波逐流;后者则在逆境中抓住了机遇,创造了奇迹。

成事在人,败事也在人,实际上失败者的能力与水平往往并不比成功者差,他们相差的是坚持的精神和勇往直前的勇气。在逆境中,成功者比失败者多坚持了一分钟,多走了一段路,多思考了一个问题。多一次逆境,就多一分成熟与机遇,就多一次走向成功的机会。

辛迪曾经和平常人一样拥有健壮的身体,过着和平常人一样的生活。然而一次意外却改变了她的一生,但也成就了她的辉煌。

辛迪当时还在医科大学上学。有一次,她独自到山上散步,无意中发现了一些蚜虫,出于好奇,她将这些虫子带回了家。为了给它们去除化学污染,辛迪专门使用了一种试剂。在使用完试剂后,辛迪马上感到一阵肌肉痉挛。开始她认为这可能只是暂时性的症状，然而意想不到的是，那种试剂内含有强烈的化学物质，它们严重破坏了辛迪的免疫系统。她因此患上了一种怪病——"多重化学物质过敏症"。自此以后，她不能使用香水、洗发水及任何日常生活接触的化学物质，就连空气也可能导致她支气管发炎。

饱受病痛的折磨让年轻的辛迪简直痛不欲生。患病初期，她睡觉时一直流口水，而尿液竟然变成了绿色。另外，背部经常受到汗水与其他排泄物的刺激，形成了长久的疤痕。

在长达八年的时间里，辛迪没有见到任何一棵花草，没有听到过任何声音，也感觉不到阳光、流水。她躲在没有任何饰物的小屋里，饱尝孤独的痛苦。更可怜的是受尽委屈的辛迪还不能放声大哭。因为眼泪都有可能成为威胁她的毒素。

让辛迪欣慰的是丈夫在她患病后始终不离不弃，精心呵护她。丈夫吉姆为了给她营造出一个无毒的空间，特意用钢与玻璃为她制造了一个房间。那是一个足以逃避所有威胁的"世外桃源"。在那里，辛迪所有的食物都经过特殊选择与处理，她喝的水只能是蒸馏水，吃的食物中也不带有任何化学成分。

辛迪忍受了常人难以承受的折磨。但她从未自暴自弃，她决定为了自己以及所有化学污染物的牺牲者的权益而奋战。1986年，辛迪创立了第一个"环境接触研究网"，专门致力于研究此类病变。1994年她又与另一个组织合作，创造了"化学伤害资讯网"，保障人们免受化学污染物的威胁。

这些非人的经历并没有打垮辛迪，相反使辛迪很充实地生活在无毒世界里的。因为不能流泪，所以她选择了笑容。

生活有快乐的一面，也有悲伤的一面，正因为如此，才构成了我们丰富多彩的生活，所以，让我们坦然面对生活中的不如意吧！

基辛格是美国的外交家，他在给儿子的信中写道："当挫折来临之际，有的人惊慌失措，有的人沮丧不安，还有的人束手无策。这都是正常的反应。问题是，要获得成功，就不能始终处在这类状态中，就必须冷静地分析遭受挫折的原因，对症下药，才能走出挫折的阴影。"

从出生起，约翰·库缇斯便是一个残疾人。出生时他仅仅有矿泉水瓶那么大，他的脊椎以下没有发育，两条腿像青蛙腿那样细小，而且他还没有肛门。经过医生的手术，他终于能够勉强地排便了。但是他先天发育不足，医生断言他存活的可能性不高，活不过第二天。然而他挣扎着顽强地活了下来，这简直就是一个奇迹。

但是医生再次断言，约翰·库缇斯的寿命最多只有一个星期，但他一周后仍然活着。就这样，过了一个月，一年，约翰·库缇斯一次次地打破了医生的预言，奇迹般地存活了下来。虽然他无比孱弱，随时会被死神夺走生命，但他通过自己的努力，已经成为世界上家喻户晓的著名励志大师之一。

约翰·库缇斯要面临许多常人难以面临的困难，他的人生是残酷的，18岁那一年，他决定截掉自己失效的双腿，从此他成为了真正的半个人。后来，他通过努力学会了用双手走路。他经常这样自我安慰，各种各样的腿、鞋子和女孩的裙子成为他看得最多的风景。

尽管约翰·库缇斯受到了很好的照顾，但他下决心要自食其力。他觉得不能这样活下去，他要发挥自己的优势生存，于是他每天要几乎趴在滑板上开始找工作。他坚持不懈，敲开了数千家店门，尽管有的人打开门后发现他是一个四肢不健全的人，纷纷拒绝录用他，但他最终还是找到了工作。终于实现了自食其力的愿望。

虽然约翰·库缇斯失去了双腿，成为了残疾人，但他的志向是做一个勇猛的运动健将。于是他的身影开始出现在室内板球俱乐部里，他成为了举重场上的运动员。从此他的命运开始转变。尽管对于常人来说非常容易的动作，他都需要付出百倍的努力才能完成。但是他从来没有想过放弃。经过艰苦训练，他的水平在日益提高。1994年澳大利亚残疾人网球赛上，约翰·库缇斯出人意料地获得了冠军。对于曾经的嘲笑和侮辱，骄人的成绩是约翰·库缇斯对他们最好的回击。

一次偶然的机会，约翰·库缇斯参加了一场公众演讲，这件事让他的人生发生了彻底的改变。他觉得自己特别适合上台演讲了，他要到讲台上去向世人讲述自己的人生磨难以及宝贵的精神财富。他觉得自己的经历可以带给更多的人以激励，这能够为他们渡过人生的无数的难关提供帮助和启迪。

有一次，约翰·库缇斯向自己的听众提了这样一个问题："你们当中，有多少人不喜欢自己的鞋子？"于是在听众席中纷纷举起了手臂。这时他的眼神变得锐利，语气变得严肃，他举起自己红色的橡胶手套，说："这就是我的鞋子，有谁愿意和我交换？我愿意用我拥有的一切去交换。现在，你们还有谁抱怨自己的鞋子呢？"

当约翰·库缇斯30岁的时候，他的人生再一次面临死亡的考验。他不幸罹患癌症，再次遭受了残酷的打击。但是，一贯坚强的他从未对生活失去信心，他开始了和病魔顽强抗争的过程。终于有一天他再一次战胜死神，癌症痊愈者的行列上有了他的名字。现在约翰·库缇斯不仅已经成立了一个美满的家庭，还做了爸爸。

人生充满了大大小小的苦难和伤痛，生活永远都是不完美的。但是不管面对什么困境,都永远不要否定自己。只要拥有顽强的意志,人生就可以在苦难中磨炼自己,就可以变得更加充实,更加有意义。

哪里跌倒，哪里爬起

天将降大任于斯人也，必先苦其心志，劳其筋骨，饿其体肤，空乏其身，行拂乱其所为，所以动心忍性，增益其所不能。

失败是成功之母，在实现梦想的路上每个人都会经历失败，失败并不可怕，可怕的是你在失败之后失去了再爬起来的决心。在哪里跌到就在哪里爬起来，沿着原来的方向继续往前走，总有一天会到达自己的目的地。

在哪里跌倒就在哪里爬起来，听起来似乎没有什么困难，但是能够真正做到这点的人却很少。因为让自己接受失败本身就是很困难的一件事情，再次树立起自信心更是难上加难，但是你如果想成功，就必须具备在哪里跌倒就能在哪里爬起的勇气，因为在成功的路上，摔跟头是在所难免的。

有一个人在一年里连续失去了六份工作，虽然他拥有英语六级证书，但第一家公司却认为他口语不过关；他是电脑二级程序员，但第二家公司却嫌他打字速度太慢；他与第三家公司的部门经理不合，便主动炒了老板；接连的，第四家，第五家……他沮丧地说："一次次全是失败，一年的时间就让我这样浪费了。"

朋友耐心地聆听完他说的话之后，说道："给你讲个笑话吧。一个探险家出发去北极，最后却到了南极，人们问他为什么，探险家答：'因为我带的是指南针，我找不到北。'他说，'不可能啊，北极不就在南极的对面吗？转个身不就可以了。'朋友反问：'那

256 | 除了快乐，我一无所有

么失败的对面，不就是成功吗？不要害怕跌倒，只要你勇敢地爬起来，总会有成功的一天。'一瞬间，他觉得自己又有了自信，重新开始了自己的求职之路，终于，功夫不负有心人，他找到了一家很适合自己的公司，在那里很好地发展起来。"

　　这个故事表明了这样一个道理，失败是成功路上必不可少的伴侣，如果你没有勇气在失败了之后重新站起来，就永远没有出头的一天，追求成功的人应当把失败当成是一种考验，在哪里跌倒就在哪里爬起来。

　　大部分人的一生都不可能一帆风顺，难免会遭受挫折和不幸。但是成功者和失败者非常重要的一个区别就是，失败者是摔了个跟头以后，因为害怕再摔倒，所以没有勇气再次爬起来；成功者则会爬起来继续往前走，因为他们懂得哪怕摔倒也是距离成功更近了一步。一个暂时失利而能够继续努力，打算赢回来的人，他今天的失利并不是真正失败；如果他失去了再次战斗的勇气，那才是输得一败涂地！

　　梅西是美国著名的百货大王，他也是一个很好的转败为胜的例子。梅西1882年在波士顿出生，年轻时出过海，以后开了一间小杂货铺，卖些针线百货，铺子很快就倒闭了。一年后他另开了一家小杂货铺，最终仍然失败了。

　　在淘金热席卷美国时，梅西本以为供应淘金客膳食是稳赚不赔的买卖，就在加利福尼亚开了个小饭馆，岂料多数淘金者一无所获，什么也买不起，这样一来，小饭馆又倒闭了。回到马萨诸塞州之后，梅西满怀信心地干起了布匹服装生意，可是这一回他不只是倒闭，而简直是彻底破产，赔了个精光。梅西不死心，又跑到新英格兰做布匹服装生意。这一回他时来运转了，他买卖做得很灵活，甚至开起了街边商店。第一天开张时账面上就收入了1108美元，

第10章　苦中作乐，方显英雄本色

而位于曼哈顿中心地区的梅西公司现在已经成为世界上最著名的百货商店之一。

梅西没有因为自己的几次失败就失去了做买卖的信心，相反，他一直在努力尝试，跌倒了再爬起来，失败了再从头来，即使破产了，他的决心也没有动摇，最终获得了成功，成了美国的百货大王。

孟子云："故天将降大任于是人也，必先苦其心志，劳其筋骨，饿其体肤，空乏其身，行拂乱其所为，所以动心忍性，增益其所不能。"这就是说人必定要经过一些波折才能够成功，只有百折不挠的人，才能尝到最甜美的果实。

静下心来体味生活的真正味道

如果生活中没有了悲伤,都是欢乐,那就会显得十分单调乏味。生活的表情是喜怒哀乐愁,生活的味道是酸甜苦辣咸,充满喜怒哀乐。它们如同生活的调味品,缺一不可。

钱锺书先生曾对"快乐"作了一个词义分析,十分有趣。

法语里的"喜乐"一词是由"好"和"钟点"两个词拼合而成的,"可见好事多磨,只是个把钟头的玩意儿"。

德语里的"沉闷"一词,直译过来,就是"长时间"的意思,也就是说,在困苦无聊的时候,时间的腿好像跛了似的,走得特别慢,同样的时间给人的感觉好像更长。

汉语的说法,也同样意味深长,"譬如快乐或快活的'快'字,就把人生一切乐事的缥缈极清楚地指示出来"。《西游记》里小猴子对孙行者说:"天上一日,下界一年。"这种神话的确反映了人类的心理。人间没有天上那么舒服欢乐,所以人间的日子过得慢,天上的一天在人间只当一年过。

我们不可能永远快乐,但是我们能够让自己多一点快乐。据说康德一生都没有离开过柯尼斯堡十英里之外;达尔文在周游世界以后,余生也全部在自己家里度过;马克思在不列颠博物馆的时间,占据了他一生大部分的岁月。伟人们追求的快乐并不是在外人看来兴奋刺激的快乐,而是通过坚持不懈的努力来取得伟大成就的那种深沉的快乐。这种劳动对很多人来说是痛苦的,所以,"你要快乐,你该从痛苦里去寻找"。

一个人感觉自己实在是难以承受沉重的生活，于是他计划去请教哲学家，希望他能够给自己提供一个解脱的方法。

哲学家却并没有和他说什么，而是给了那人一个背篓，让他背在肩上，指着一条沙石路说："你按照我的要求去做，往前每走一步就要捡一块石头放进去，你尝试一下是什么感觉。"那人按照哲学家所说的去做，每走一步捡一块石头放进背篓，过了很久才走到小路的尽头。

哲学家问："你有什么感觉？"。

那人脸上呈现出苦恼的表情，说："感觉越走越沉重。"

哲学家说："这就是你感觉生活越来越沉重的根源。事实上当每个人来到这个世界上，他们的肩上就像背着一个空背篓一样，在人生的路上他们每向前迈出一步，都意味着他要从这个世界上捡一样东西放进去，所以时间一长，他自然会感觉越走越累。"

那人恍然大悟，继续问："那究竟怎样做才可以减轻这些沉重的负担呢？"

哲学家没有回答他的问题，反而问道："我给你出一道选择题。在工作、友谊、爱情和家庭之中，你愿意把其中的哪一样拿出来呢？"那人听后沉默不语，面露难色，好像很难取舍。

哲学家说："对于你来说它们都是十分重要，既然都难以割舍，那就不要把它们当成背负的沉重，而要把它们看作所拥有的欢乐。我们每个人的背篓里装的不仅仅是责任和义务，还有上天给予我们的恩赐。当你感到沉重时，也许你应该庆幸自己不是另外一个人，因为他的背篓可能比你的还大，还沉重。这样想的话，你的背篓里装下的不就是更多的快乐了吗？"

那人听后连连点头，对这位哲学家竖起了大拇指，内心里暗暗敬重与佩服。

酸甜苦辣就是生活的味道。事实上很多幸福和快乐就在自己的身边，然而有的人总是把过去的负担背在自己的身上，放在自己心上，原本快乐的人生也因此变得沉重起来。其实，只要以乐观的心态去看待那些不快乐的事情，就会让沉重的心情轻松很多。

有一天，一个满面愁苦的人来到隐居的智者面前，哀求道："先生啊，我是个富人，然而周围的人好像各个都十分憎恨我。我觉得现实到处充满尔虞我诈的厮杀，就好像一场你死我活的战争，求你将我拯救出来吧！"

智者回答："那就停止厮杀呗。"

听从了智者的建议，富人停止了厮杀。可是没过多久他又来到智者面前，苦苦哀求："先生啊，可是我还是感到生活有着巨大的压力——它就像一副重担一样。"

智者回答："那就卸掉担子呗。"

富人十分气愤，他刚刚失去了自己所有的一切，包括他的财富和他的家人。他第三次来到智者的面前，还是继续哀求道："先生啊，我失去了一切，我已一无所有，生活里只剩下了悲伤。"

"那就不要悲伤呗。"富人其实早就料到智者会这样说，这一次他既没有生气也没有失望。他自己来到一座山里，独自一人住了下来。一天，他猛然之间悲从中来，号啕大哭起来，连着哭了几天几夜，把眼泪都哭干了。他抬起头，看见和煦的阳光正普照着大地。他又一次来到智者那里。

"先生啊，生活到底是什么呢？"

智者笑着说："你没看见正升起的太阳吗？一觉醒来又是新

的一天。"

生活就是如此，生活中充满欢乐和悲伤、幸福和痛苦，日子也随之一天天过去。得意的时候要警告自己不能得意忘形，失意的时候也不能过分否定自己。酸甜苦辣，这就是生活的真正味道，缺一不可。如果生活过分乏味，那就显得十分无聊，让人感到十分单调。每个人有自己不同的生活方式，平静地享受着属于自己的生活。正是有了喜怒哀乐，才能够体会到生活的味道与乐趣。

不自暴自弃

无论面对何种生活，没有人能够帮你创造幸福，解铃还须系铃人，只有你才能帮助自己走出心底的阴霾。

生活顺风顺水的时候，将来一无所有的时候会怎样？我们很少有时间去思考。但是命运往往在你毫无准备的时候，让你失去一切，你面对的不再是阳光灿烂，只有狂风暴雨。这时，真正考验一个人的时候到了，该如何面对突如其来的变故？有的人自暴自弃，彻底堕落；有的人积极面对，重整旗鼓，重新闯出了一片天地。

一个经理，他把全部财产投资在一项小型制造业。由于世界大战爆发，他无法取得他的工厂所需要的原料，因此只好宣告破产，金钱的丧失，使他大为沮丧，于是他离开妻子儿女，成为一名流浪汉，他对这些损失一直耿耿于怀，而且越来越难过，最后甚至想到了跳湖自杀。

一次偶然的机会，他看到了一本名为《做生活的强者》的书。这本书给他带来了勇气和希望，他决定找到这本书的作者，希望作者能够帮助他再度站起来。

当他找到作者，对他倾诉完自己的故事以后，那位作者却对他说："我已经以极大的兴趣听完了你的故事，我非常希望自己能够帮助你，但事实上，我却绝无能力帮助你。"他的脸立刻变得苍白，低下头，喃喃地说道："这下子完蛋了。"作者停了几秒钟，然后说道："我虽然没有办法帮你，但可以把你推荐给一个人，他可以协助你东山再起。"

听到作者这样说，流浪汉立刻跳了起来，抓住他的手，说道："看在上帝的份儿上，请带我去见这个人。"于是作者把他带到一面高大的镜子面前，用手指着说："我介绍的就是这个人。在这个世界上只有他能帮助你东山再起，首要条件是你必须彻底认识这个人，否则，你只能跳湖了。因为在你对这个人充分了解之前，不论你自己还是对于这个世界，你都将是个没有任何价值的废物。"

他朝着镜子向前走了几步，用手摸摸自己的脸，脸上长满了胡须，他对着镜子里的人从头到脚打量了几分钟，然后退了几步，低下头，开始抽泣起来。

几天后，作者在街上又碰到了这个人，却几乎认不出来他，他的步伐轻快有力，头抬得高高的，从头到脚焕然一新，看来是很成功的样子。"那一天我进入你的办公室时还只是一个流浪汉，我对着镜子找到了我的自信，现在我找到了一份工作，年薪3000美元，老板还提前预支了一部分钱给我的家人，我现在又走上成功之路了，"他还风趣地对作者说，"我正要前去告诉你，将来有一天，我还要再拜访你一次，我将带一张签好字的支票，收款人是你，金额是空白的，由你来填写，因为是你要我站在那面大镜子前，把真正的我指给我看，是你使我认识了自己。"

这个故事生动地告诉我们这样一个道理：在生活面前，除了你自己，没有人能成为你的救世主，当面对生活的挫折时，一味地自暴自弃只会让自己的状况变得更糟糕，只要你能够静下心来，审视自己失败的原因，再重新出发，就一定能够从生活的阴霾中走出来，成为生活的强者。

世界上有很多著名的人物，他们的成就让世人瞩目，但是很少有人能够真正体会到，在这些成就的背后，主人公要接受多么艰难的生活考验。

霍金是著名的科学家，他因患肌肉萎缩脊髓侧索硬化症(ALS)而几乎完全瘫痪，然而，即便是这样一个重度残障人士却没有自暴自弃，凭借自己非常的意志力挑战自己的极限。最让人不可思议的是，一般普通的健康人大都不敢上太空旅行，而当时已是65岁的坐在轮椅上的霍金却有这样的勇气，他登上美国宇航局位于佛罗里达的"肯尼迪太空中心"的一架喷气机进行飞行，接受失重训练。这种零重力飞机飞行每次能够制造大约半分钟的失重感，随后会在3万英尺的高空中以上下起伏的抛物线飞行。当飞机到达抛物线顶端时，机舱里的乘客和其他物体开始自由下落，就像他们在太空轨道中一样，在空中漂浮。霍金还计划实现自己太空之旅的梦想，开创残障人太空飞行之先河。

霍金的感人事迹数不胜数，谁会想象这样一个重度残疾的人能够取得如此辉煌的成就呢？对普通人来说，这种遭遇无疑是致命的打击，但是勇敢的他没有自暴自弃，用自己的坚强向生活挑战，最终获得的成就是连正常人都很难取得的。

人的生命力十分旺盛，尤其是在恶劣的环境中，当你有足够强烈的求生欲望或者成功欲望时，任何困境都阻挡不了你前进的脚步。所以遭遇困境时，切忌自暴自弃，要用自己的意志去战胜困境，你一定会走出阴霾，迎来属于自己的一片新天地。

心境是成功的法宝

换一种心境，对事物的看法就会改变。

在前进的道路上，不同的心境往往会造就不同的人生，只要怀着乐观的态度去看待所有的不幸，一个人就会获得无形的力量与动力，这会激发他百折不挠、勇往直前的勇气和信心。

有一场讨论会请了一位演讲家做主持人。这场讨论会不像往常，它没有精彩的开场白，也没有激情的演讲。只见演说家手里举着一张20美元的钞票。面对会议室里的200个人，他问道："在场的各位来宾，有谁想要这20美元？"

大家看到有唾手可得的钱财，纷纷举起双手，表示自己想要这20美元。演说家接着说："我打算把这20美元送给你们中的一位，但在这之前，请准许我先做一件事情。"

他说完就将钞票揉成一团，然后问："还有谁想要？"这时仍有人举起手来。

他接着说："假如我这样做，那又会怎么样呢？"

只见他把钞票扔到地上，用脚使劲地踩。随后他拾起钞票，钞票已变得又脏又皱。他问道："现在还有谁想要？"这时举起手的人已经寥寥无几。

最后，演说家说道："朋友们，今天你们已经上了一堂很有意义的课。无论我如何对待那张钞票，你们还是有人想得到它，因为它并没贬值，它依旧值20美元。在漫长的人生路上，我们无数次会被自己碰到的逆境欺凌、击倒，甚至碾得粉身碎骨，我们觉得自己似乎一文不值。但无论发生什么，或将要发生什么，在上帝的眼中，你们永远不会丧失价值。在他看来，肮脏或洁净，衣着齐整或凌乱，你们都是无价之宝。"

每个人都有追求美好生活、渴望事业成功的权力。在通往成功的路上，心灵发挥了神奇的力量。透过心灵，我们可以打开世界的一扇窗口。很多时候，人们的心灵被一层灰尘所蒙蔽，就会感到彷徨无助。面临生活中的挫折与磨难，只有让心灵自由飞翔，才能迈步前行。

心有多远，路就能走多远。如果禁锢自己的心灵，一个人就会停止自己的脚步。尽管有时我们需要考虑别人的看法，但最重要的还是自己的决定。俗话说：世上无难事，只要肯攀登。

一个年轻人，由于相恋多年的女友离开了他，投入了别人的怀抱，顿时他觉得自己的生活陷入了一片黑暗。那段时间，他漂泊在一个陌生的城市中，每天应付房租和一日三餐，一直找不到满意的工作。生存的重压使得他几乎没有喘息的余地。

面对难以承受的压力，他对自己的失败耿耿于怀。每天只要一睁开眼，他就想逃避。在极度失落的时候，他想到尝试一些新东西，想要通过它们增加自己的信心。

这时他冒出了学游泳的念头。于是他来到了游泳馆。当时他既没有游泳常识，也没有请教练或者约朋友，他只有孤身一人。他几乎是带着几分自虐似的跳进了泳池里。当他的头整个没进水里的时候，他的耳边产生了雷鸣般的响声。出于本能，他的身体向上猛蹭了一下，他的头撞在了护栏上，加上水的浮力，脑袋中产生的轰鸣更加强烈了。

他开始变得有些慌乱，但还是不肯放弃，于是他再次沉入水底，结果被灌进了几口水。当时他感到阵阵晕眩，但是依然疯狂地沉入水里，全然不顾自己的生死。他甚至有几分赌气，不信自己是个游泳上的失败者。

正在他不顾死活地瞎扑腾的时候，他感到一只有力的手将他一把拉住他。他想要挣脱，但是由于他已经耗尽了力气，只能乖乖地被那只手紧紧地拽着拉到了池边。

"孩子，你要珍惜自己的生命。千万不能乱来，这样多危险啊。"原来是一位中年的阿姨。在远离亲人的城市里，他一直是独自承担自己的一切，而现在，阿姨对他喊的一声"孩子"，这让他的眼泪夺眶而出。"你要屏住呼吸，心要静，把手脚放平，水的浮力自然会把你托起来。不要胡乱扑腾，那只会越来越糟。"在阿姨的开导之下，年轻人逐渐平复了自己的情绪。经过反复尝试，他终于学会了游泳。

心境是成功的关键，也是成功的法宝。面临人生的不幸，纠正一个人的消极心态是十分重要的。只有将心态放平，才会让自己始终保持平和，让阳光从生命的窗口照进来，让人感受到生命的快乐和美好。

第 11 章
放下包袱，轻装前行

上帝在为你关上一扇门的同时，必然也会给你打开一扇窗。成功的道路不止一条，追求幸福生活的方式也有很多，当你拥有属于自己的幸福的时候，应该学会平衡自己的心态，盲目追求不属于自己的幸福只会让你更加疲惫。

是什么让我们左右为难

领导你的不是命运,而是思想信念。

人们常常遇到"左右为难"的问题:

一个女孩子很想嫁给一个男人,但由于她姐姐的反对,所以她觉得很为难。

一个男孩子想要去大城市闯荡,但是觉得这样对父母是不孝顺的,因为无法照顾父母了,所以犹豫不决。

其实,只要我们懂得区分,这些"两难问题"就不难解决。而且,我们区分的关键,正是这些心态上的偏差。

事实上,第一个女孩的心态是,她选择的并不是面对困难,而是在逃避问题!如果她真的想嫁给这个男人,姐姐绝不会成为她的障碍。

第二个男孩也是在心态上出现了方向性的错误。他混在了两个性质完全不同的问题,构成了一个假的"两难"表象。不管是在大城市还是小地方,哪里能够获得事业上的成功,才是决定你选择的因素。而判断是否孝顺的标准,不在于你身在何处,而在于你对父母是否真的关心。

只要我们能够在纷繁复杂的事情面前勇敢地击破"两难问题"的假象,在处理问题时就能像庖丁解牛那般游刃有余。

正所谓旁观者清。有时候,自身的痛苦会让我们陷入迷茫之中。这时候,我们必须主动地去寻求别人的帮助,借助别人的力量来区分心态。

有一个女士失恋了,她自己努力地尝试过走出来,但是没有成功。于是,

除了快乐,我一无所有

这位女士找到了我。

女士：我好烦……我失恋了……

我：我很理解你，除了烦之外，你还有什么感受？

女士：很难过，很苦恼……

我：为什么要把自己搞成这个样子呢？

女士：因为我失去了爱啊……

我：你既然如此伤心，说明你心中还有爱啊！

女士：你说的对！我很爱他！但他不爱我了，所以我才很伤心！

我：既然你心中有爱，对方心中对你无爱，爱在你这一边，你并没有失去爱，你只是失去了一个不爱你的人！

女士：（沉思了一会儿，长舒了一口气，眼睛又重新放出了光芒）嗯！你说的有道理！虽然我还会感觉很痛，但是我的心情已经好多了！我会珍惜这段经历，我知道我会一定会找到爱我的人的。

就这样，这位女士终于从失恋的阴影中走了出来，开始放下过去重新生活。

很多人都有这样的经历，一旦掉进失恋的痛苦深渊当中，自己将看不到，更区分不开很多东西，很容易就会陷入痛苦的情绪当中难以自拔，这时候，你就需要找别人来帮你分析，帮你把事情弄个水落石出。正所谓"当局者迷，旁观者清"。

这就像一个湖，因为里面的水是死的，所以湖水不可能变干净，只会又脏又臭。帮你区分的人则像是一个抽水机，帮助你一点点地抽干心态上的污水，脏水抽光了，压在你自己心口的大石头也就露了出来，你就能够认清自己了。

前面说的这位女士就是通过和我的交谈，看到了自己心口那块大石头的模样，同时发现了这块石头的另一种含义。所以，她才能够把这块石头从心头移开，只把它当成对过去的纪念，开始创造新的生活。

第11章　放下包袱，轻装前行 | 271

当然，并不是什么人都能做出区分的。帮助你区分的人，即使不是像我这样受过专业训练的心态教练，至少也应该是一个具有区分能力的人。连自己的头绪都理不清的人，只会把你带入一个更加混乱的境地。

怎样摆脱这种混淆的局面？生活中有很多近似的理念，它们之间其实只有心态上的差异。

半杯水，既可以被看成是半"满"，也可以被看成是半"空"。角度不同，产生的思想也不同。

我们绝对有权利去选择千千万万种不同的思想观点。

大多数人都会选择跟随父母的思想，但是，世界上没有任何一部法律，规定我们一定要顺从父母的思想。人的思想不应该被限定，也不必与其他任何人的相同。

虽然美好的东西并不一定会长久，但也大可不必消极颓丧。生命对你是公平的，只是你自己没有斗志，常常说自己："无论我怎样做都不可能成功。"

自己的头脑会被这一类丧气话所冲昏，导致自己做出不正确的决定。

如果没有任何一个异性被你吸引，那也是你一直认为"没有人会爱我""我不值得被爱"。或者，你怕异性会像你的父母一样管辖你、支配你。也或者你常以为："人们只会伤害我。"是你在内心先将别人拒绝，使人不敢接近，并不是他人无端地拒绝你。

有些人的身体并不健康，他们常常归结于这样的原因："我的家人身体都不健康，所以我的身体也一定不健康。"或者："因为天气变坏，所以我的身体就变坏。"又或者："我来到世间根本就是来受苦的""祸不单行"……他们不去研究和治疗自身的健康问题，只以消极的信念来接受健康问题，身体自然无法获得健康。

很多人并不知道自己有一些不好的思想信念，而大多数的人，都不了解自己的思想信念；他们只把所有发生的事情，都看成是自然的、理所应当的，就像被咬过的饼干一定会碎一样。

任何问题都有它的思想根源，这些思想根源，都可以被再教育而彻底改变。

很多问题使我们在生命中饱受痛苦和挣扎，在感觉上，都是那么现实、那么困难，好像与我们内在的思想信念完全无关，只是被别人逼迫的、无可奈何的事。如果你那样想，如果你认为自己完全处在被动的角色，那你便大错特错了。

正视自己生命中存在的问题吧！问问你自己："到底因为自己哪些不正确的思想信念，才会制造出这么多的问题？"

让自己静坐冥思，通过自己内在的智慧，就可以得到正确的答案。有些童年学来的思想信念，是积极和有益的，对我们的整个生命历程都有帮助，例如："过马路以前，要先看看马路的左右，有车就应当停下来等待，不能过去。"等等。

也有另一些原则，只适用于小时候，等我们长大了，便不再适合，例如："不要听信别人的话。"接触陌生人，这是成年以后不应再害怕的事，如果永远不信任别人，人就会被别人所孤立，变得更加寂寞，限制了自己在社会上的发展。

我们平常所相信的，大多只是他人的意见，但我们把很多他人的意见，都放入了自己的信念系统之中。这些信念，会和我们自身的信念相混杂，变成自己信念的一部分。

很多人早上醒来的时候，如果发觉外面在下雨，便会立刻想："唉，今天的天气糟透了！"

下雨天其实并没有那么糟糕，下雨天只是空气潮湿，如果我们有适当的雨具，穿着适当的鞋，改变我们对雨天的态度，那么，下雨天便可以变成很不错的一天，至少绝不会比其他任何一天差——你不但觉得它充满诗意，也会觉得它能增加水库的蓄水量，还会觉得它对草木和农作物有益，而且下雨天的街上，灰尘也少些，空气也会清新些。

如果我们始终坚信下雨天是糟糕的，那么，每当下雨的时候，我们的心都会因此而沉闷，人变得很不开朗，我们就会抗拒这下雨的一天，而不懂得顺应自然的变化。

实际上，天气并没有"好坏"的差别，天气本身只是一种自然现象而已，但若是我们把下雨天看成是"坏"，从而使自己的情绪受到影响，下雨天就真的是"坏"的了。

一个人想要快乐的生活，首先就要具备快乐的思想。

原来存在的一切问题，都可以从根本上去消除，而不让它成为以后的现实，只要你愿意，就一定能够做到。

要始终牢记：在我们的心中，能思想的是我们自己；在我们的世界里，真正的力量是我们自己！

制造出我们以前一切经历的，是我们过去的思想、信念。

制造出我们下一个时刻、下一个月和下一年所有际遇的，将是我们现在的思想、信念。

领导你的不是"命运"，而是"思想信念"。

一个身无分文的僧人，能够建造出来一座宏伟的寺院，是因为他先有了思想信念，然后才付诸行动，最终才能成功。

每一个吃自助餐的人，面对所有供应的食物，都可以从中选择出自己所喜爱的东西；同样的，每一个运用思想的人，也都可以选择他自己所有的思想。而选择思想，比选择食物更重要，食物只有可口与不可口的分别，思想却对人未来的生命历程起着至关重要的作用。

因此，极不明智的做法是选择那些会为你制造出问题和痛苦的思想，这比你选择令自己反胃的食物更糟。当然，我们都无法避免偶然那些错误的选择，但犯一次已经够了。我们一旦知道哪些食物令我们的身体不适，我们就不会再去选择它。同样的，选择思想也不可以一错再错，那些制造出问题和痛苦的思想，就不要再去选择了。

放弃尽力做好每件事这一信条，努力做好那些重要的事情，至于生活中的其他方面，只要去做就行了。尽力做好每一件事情是没必要的！事实上，尽力做好每件事这一概念是极为荒谬的。不论是你，还是其他任何人，都不可能绝对尽力做好每一件事——任何事物都有可供改进之处，就人的属性来说，是不可能做到尽善尽美的。

放下就是快乐

放下贪婪的心，知足常乐，将会收获一个快乐的人生。

从前有一位家财万贯的富翁，过着衣食无忧的日子，尽管这样，他却总是感到闷闷不乐。于是他背着一包银子，开始了寻找快乐的历程。他路过一个群山环绕的小山村，那里空气清新，风景迷人。那里的人们日出而作，日落而息，悠闲生活犹如世外桃源一般。

富翁看见一位正在地里劳作的农民，主动和他打起了招呼："你好，老乡。我看见你们整日生活得轻松自在，快乐无比。我虽然很有钱，但是我却并不快乐，每天郁郁寡欢，请问你有什么快乐的秘诀可以告诉我吗？"

那位农民看到富翁和他打招呼，便放下了手头的农活，回答道："人啊，一辈子不图别的，只要快乐就可以啦！我们虽然穷，但是我们每天白天干活，虽然劳累，但是每到秋天，看到丰收的果实的时候，就感到劳动的快乐。你虽然有钱，不愁吃穿，但是整日打发时间，无所事事，所以感到很无聊。只要你放下对金钱的追求，不再贪恋名利，就会变得很快乐了。有句俗话不是这样讲吗，放下即快乐。"

听了农民的话，富翁立即茅塞顿开。虽然他拥有富有的物质，而他的精神上却是极为贫乏的，他所需要的正是精神上的满足与快乐。于是他决定投身慈善事业，用自己的钱救济穷人。当他看到在自己的帮助下别人的生活有所改善时，富翁快乐的心情溢于言表，一种成就感也油然而生。

如果一个人的头脑中每天装的只是各种名利，整天总是考虑如何赚钱，怎样升官晋爵，却从不抽出时间来享受清闲。他就会觉得人活得很累，每天不是为谋生而奔波，就是为赚钱而劳累。如果过于痴迷于金钱，一想到赚钱就拼命去争，却不给享受生活留出任何时间，那么他们会觉得人世间总是名利的争夺。如果懂得放下，卸下无谓的烦恼，他便会觉得自己肩上的压力小了很多。

将贪婪之心放下，才会收获更多。现实中有的人为了自己的一己之利，经常占别人的小便宜，有时还自以为自己做得滴水不漏，想要瞒天过海。事实上别人心知肚明，只是为了顾及面子没有当场与他较真，揭穿他的小伎俩。而他们往往只能是赢得小利而失去了更多的大的机会。

夕阳西下，河水碧波荡漾，波光粼粼，不时泛起阵阵涟漪。有人一边欣赏河边的美景，一边在岸边垂钓，等待鱼的上钩。只见一名垂钓者竿子一扬，片刻之后他便钓上了一条大鱼，足有一尺多长。鱼上岸后落在岸上，仍然活蹦乱跳，腾跳不止。让人惊讶的是钓者用脚踩着大鱼，解下鱼嘴内的钓钩，顺手将鱼丢进河里。周围的人不禁哗然，发出一片惊呼，看来这个垂钓者雄心很大，这么大的鱼都不能令他满意。

就在众人屏息以待之际，垂钓者一扬鱼竿，又钓上一条一尺长的鱼。钓者仍然没有露出胜利的喜悦，顺手又将鱼扔进海里。钓者第三次扬起钓竿，只见钓线末端钩着一条不过几寸长的小鱼。众人原本以为他一定会将这条鱼放回去，不料钓者却将鱼解下，小心地放回自己的鱼篓中。钓者的举动让众人百思不得其解，他们问钓者为何舍大而取小，钓者的解释出乎所有人的意料：自己并不需要那么大的鱼，家里最大的盘子也不过一尺长，如果钓太大的鱼回去，盘子也装不下。

现实中很少有像钓鱼者这样舍大取小的人，而那些舍小取大的人却与日俱增。大多数人只顾及自己眼前的利益，殊不知，贪心图发财，短命多祸灾，不知满足的人只会给自己带来一身的烦恼与忧愁。

不要无端地为自己增加负担

人的一生就是一场马拉松赛跑,在沿途的路上到处有各种各样的迷人风景。但你不可能看完所有的风景,所以不要无端地给自己增加负担。

从前有一位小和尚,有一天,他和禅师一起外出化缘。小和尚毕恭毕敬,对禅师言听计从。当他们走到河边时,碰巧遇到一位要过河的女子,禅师抱起女子过了河,女子道谢后离开了,小和尚心里一直琢磨,禅师怎么可以抱那个女子过河呢?但又不敢问禅师,一直走了20里,他实在憋不住了,就问禅师:"我们是出家人,您怎么能抱那女子过河呢?"禅师淡淡地说:"我把她抱过河就放下了,可你心里却带着她走了20里都没有放下。"

老师父的话蕴含着深刻的哲理,人的一生就是一场马拉松赛跑,在沿途的路上到处有各种各样的迷人风景。如果过于留意,人的精力就会被它们分散,徒增一些额外的负担。与其这样,还不如一路走来一路忘记,永远保持轻装上阵。过去的已经过去了,时光不可能倒流,大可不必耿耿于怀,应当多汲取经验教训。

世界上最重要的定律当属二八定律。二八定律是指生活中重要的东西通常只占其中一小部分,约20%,其余80%尽管是多数,却是次要的。每个人都在进行长途旅行,旅行过程中每个人都需要准备一个常用的背囊,它里面会有许多东西。根据二八定律,人生真正有意义的只有20%左右,其余的只能增加旅行的负担。所以将那些多余的统统扔掉，才能腾出更多的空间，才会减轻包袱，才会让人生变得轻松。

在茂密的大森林中，一个外出散步的人碰见了一只老虎，这只老虎已经好几天没有东西了。它饥肠辘辘，大吼一声就扑了上来。那人十分利索，以最快的速度迅速逃离。可是老虎紧追不舍，尽管他累得两腿发麻，还是不敢停止奔跑。最后被老虎逼到了悬崖边。

那人站在悬崖边上左右为难，如果不跳下悬崖，他的下场就只能是被老虎捉到，活活被咬死，如果跳下悬崖还有可能有一线生机。于是他鼓足勇气，纵身跳入悬崖。幸运的是他被一棵树卡住了，而且那是一棵长在断崖边的结满了梅子的梅树。

正在他自我庆幸、自得其乐的时候，那人从断崖深处听到几声巨大的吼声，他偷偷往崖底望去，原来那里有一只凶猛的狮子正抬头看着他，那人不禁心中一颤，不过他又仔细分析，狮子与老虎一样都是猛兽，自己还是逃脱不了被咬死的命运。

那人刚放下心，心情稍微轻松，又听见了一阵声音，定睛一看，原来两只老鼠正用力咬着梅树的树干。他又开始显得一阵惊慌，但立刻又放心了，他想："被老鼠咬断树干掉下悬崖摔死，也总比被狮子咬死要好得多。"

那人平复了情绪之后，看到梅子长得正好，就采了一些吃起来。他觉得一辈子都没吃过那么好吃的梅子，他找到一个三角形的枝丫休息，心想："早晚都是一死，不如临死前好好睡上一觉吧！"就靠在树上沉沉地睡去了。

睡醒之后，他发现老虎和狮子不见了，老鼠也不见了。他顺着树枝，小心翼翼地攀上悬崖，终于脱离了险境。原来就在他睡着的时候，饥饿的老虎按捺不住，终于大吼一声，跳下了悬崖。而那两只老鼠听到老虎的吼声，惊慌失措，停止了咬梅树的树干，慌忙逃走了。跳下悬崖的老虎与崖下的狮子相遇，进行了激烈的搏斗，双双负伤，也都陆续逃走了。

生命中会有许多时候是险象丛生的，危险、困难像死亡一样无法避免。既然无法避免不如放下心来安享现在拥有的一切，也许在不经意间就会享受到生命果实的甜美。

有舍便有得

人生有舍才有得，舍得是一门很高深的学问，只有大家共同努力，才能避免不必要的纷争，做一名智者，因为旁观者清。

从前一位前往少林寺的佛教信徒，他在途中被两位歹徒截住了去路。当时那歹徒身穿黑色衣服，手里拿着刀子，其中有一位高个儿的恶狠狠对信徒说："要想此路过，留下买路财。快把你身上值钱的东西统统交出来！"

佛教信徒心里有点害怕，但一言不发。歹徒上下搜了他的身，发现了一条金手链。但贪心不足的歹徒并不罢休，又仔细搜了两遍，结果一无所获。他们本以为还可以再拿点东西，一见没有值钱的东西，就恼羞成怒，打昏了信徒，一溜烟儿逃走了。

过了一会儿，有一位少林寺的僧人路过此地，发现了昏过去的信徒，立刻将他背到寺里，将他救醒。僧人问道："你被抢的地方，离寺里很近，只要你大声呼叫，一定会有人听到，寺里的高手一定会前去搭救。"

信徒回答："你有所不知，我嘴里含着五颗金牙，只要一张嘴歹徒便会发现，所以我只好忍着不去呼叫求救。"

信徒忍受一时的痛苦原来是为了保全那五颗金牙。人有时也是如此，想要保全大局，必须要做出部分牺牲，否则只会满盘皆输。

古人有云："子欲取之，必先予之"。在这句话中，"予"是前提，"取"是目的，要想"取"，必须学会"予"，"予"的结果最终是为了"取"。如果一个人没有"予"的准备，一心只想着"取"，那么，他的"取"只会成为一厢情愿，他永远也不可能"取"。这就是有舍便有得的道理。

一个房地产商开发了一个商业楼盘，并口头承诺了购房者交房日期，然而由于种种原因房地产商未能如期交房。不过由于是口头承诺，没有书面协议，所以即使没能按期交房，房地产商承诺的按期交房并不具备法律效力。他口头承诺的以三倍金额赔偿购房者的承诺只能是口说无凭，最终是购房者吃了亏。他们就像哑巴吃黄连，有苦说不出。

但出乎所有人意料的是，这位房地产商竟然主动承诺要赔偿购房者。结果由于赔偿过多，他自己因此一下赔了上千万元。当别人对他的此举难以理解时，他向别人解释道："这是我做得最成功的一笔生意。我即将开发这个楼盘的二期工程，这样的话，我诚实守信的名声就会已经传遍业界。相当于没有投入一分钱却做了广告。"事情果然如此，该楼盘二期工程80%的房子都顺利出售，房地产商也因此从中赚取了高额的利润。

这恰恰体现了诚信产生的巨大价值。聪明的商人懂得在短期利益和长期利益间恰当取舍的道理。一位企业老总谈及他的企业的发展史时，他觉得自己的企业之所以由小到大，由弱到强，得以迅速发展，最主要的原因是他能够很好地把握住"舍得"二字。他说："舍得舍得，有'舍'才有'得'。"这句话真正阐明了企业发展的真谛。

"舍得"二字看似容易做起来难。对普通人来讲，一般人更会关注自己的"得"或"取"，而对"舍"和"予"则很少考虑，或根本就不想"弃"。

因此在起步之初那些成大事者思想境界上就比很多人略胜一筹。

一些大型企业的经营者往往都是入股办企业的合作者或合资经营者，他们在企业的起步阶段是十分艰难的。在那个时候，大家常常心能往一处想，劲往一处使。遇到困难，大家齐心协力，团结向上。然而每当企业走上正轨，有了高额的利润时，许多合作者则不能坦然处之，有的开始耍起了自己的心眼儿，见钱眼开、唯利是图，更有甚者，夫妻反目，父子成仇，朋友绝交。最终刚刚运作起来的企业在相互你争我夺中分崩离析。

因此，那些合作者要想长久共事，共同取得利润，就必须处理好"舍"与"得"的关系，在"舍得"上需有大气量、大气度，不能锱铢必较、见利忘义，要学会相互谦让，分利时发扬风格，要有"风物长宜放眼量"的胸怀，这样生意才会越做越大，才能达到共赢的目的。

选择适合自己的抱负

选择适合自己的抱负，放下不切实际的包袱，你才能走得又远又平稳。

烦恼有时是自己强加给自己的负担，快乐也是自己寻找而来的，所以我们要放松心情，学会自己寻找快乐！感到累了，就给自己的心灵洗个澡，用一点儿时间让心休息，在这个时候你可以不去想不快乐的事情，不去做自己不想做的事，在水的冲洗下心灵会变得通透、清亮。快乐自然会伴随着轻松的心情而来。

因为地方经济不太景气，导致当地一个商人经营的生意每况愈下，他整天闷闷不乐、垂头丧气，忧愁与失眠干扰着他的健康。妻子见丈夫如此模样，也开始忧心忡忡。

妻子看见丈夫精神状态十分不佳，便提议他去看看心理医生。丈夫去看医生，医生见他双眼布满血丝，便问他："怎么了，是不是为失眠所困？"商人说："嗯，是的，我最近总是失眠。"

这位心理医生在确定了病因之后说："其实这不是大毛病，你回去后，如果再睡不着就数绵羊吧！这样你就会很快进入梦乡。"商人接受了心理医生的建议，表达了感谢之后离开了。

过了几天，商人又找到了心理医生。这一次的状况比上次更加严重了，他双眼又红又肿，精神萎靡不振。心理医生给他复诊时吃惊地说:"难道我教给你的方法不管用吗?"商人委屈地回答说:"是呀!有时数到三万多头了还睡不着呢!"心理医生又问:"你数了这么多,难道一丝睡意都没有吗?"商人回答道:"本来已经很困了,可一想到那么多的绵羊能够产多少毛呀,不剪岂不可惜,就睡不着了。"心理医生说:"那你剪完羊毛再睡不就行了?"

可是,这位商人无限感伤地说:"这样一来又会继续出现令人头疼的问题,我会想这么多的羊毛制成的毛衣,销往哪里呀?一想到这儿,我就又睡不着了。"

当代人最常有的体验就是身心疲惫,能否及时调节和扭转这种疲惫状态直接决定了你能否精力充沛地面对生活。生活的大潮不会等待你的调整,你必须及时观照自己的心灵,经常给它洗澡,才能改善自己的疲惫状态,生活才能焕然一新。

每天清晨起来,你看到冉冉升起的一轮红日时,就应当这样想,所有的都已成为过去,崭新的生活即将开始。把那还满满当当的心灵世界放空,这样的轻松自在,岂不是很惬意?将事情想得太远,就成了无休止的压力。生活的每一天,都要给自己的心灵洗个澡。经常洗涤自己的心灵,你便会无忧无虑,时时感到快乐,生活才能因此变得快乐和幸福。

常常听到有人抱怨生活压力太大,活得太辛苦,其实,这往往是因为我们在还没有衡量清楚自己的能力、兴趣、经验之前,便给自己人生的各个阶段设下了过高的目标,这个目标是和他人比较后制订的,而不是根据个人实际情况制订的,所以每天为了完成目标,人们不得不忍受辛苦和疲惫的折磨,不得不背着沉重的包袱去生活。

人首先要对自己负责任,不应该把任何事情的失败都归咎于他人。但是不看实际情况,动不动就将责任揽在自己身也是不正确的。子女为了家长的期望,不考虑自己的情况,要求自己必须考上名牌大学,必须学热门专业,必须进世界500强，种种不切实际的个人抱负，无异于一个巨大的包袱，压在人身上，让人喘不过气来。

歌德曾经说过："责任就是对自己要求去做的事情有一种爱。"不必勉强自己，不必掩饰自己，要了解自己，做真正的自己，就不会因背负太重的责任包袱而扭曲自己。如此，就能少一些精神束缚，多几分心灵的舒展；就能少一点儿自责，多几分人生的快乐。明智一点儿，不要再用"高标准"去为难自己，卸掉自己背负的沉重包袱，不再折磨自己。只有认清了在这个世界上要做的事情，知道自己应尽的责任，一步一个脚印地走在路上，我们才能在体会人生旅途的快乐的同时有所收获。

忘记过去的一切不快

对于那些经历过的事情，不但要学会回忆，还要学会遗忘。尤其是对生活中的不快，更应该迅速地忘掉。

草木一秋，人活一世。在人生旅途中，总会记住一些人和事，无论欣喜还是悲伤，但凡最不易释怀的，正是个人最在意的。

一个人如果总是把任何事情都记得很清楚，大脑里总是充满了各种各样的记忆，那实在是一件很伤神的事，特别是过去那些不愉快的回忆，会让你变成世界上最不快乐的人。

遗忘在痛苦面前意味着解脱；在不快与伤害面前，则意味着宽慰。学会遗忘，是人生的一种更高层次的境界。

那么，怎样才能将不愉快的回忆忘记呢？首先要在头脑中列一个或写出一个清单，写下你糟糕的记忆，然后想一想你面对不幸经历时的感受，最终你会明白，遗忘才是自己最明智的选择。当想明白这一点以后，不需要你刻意地忘记它们，它们自然会渐渐消失。

另一个丢掉不愉快回忆的有效方法是去积极地开创未来，不断为以后的生活寻找新的亮点，这样，才能将自己的注意力集中在新的事情上，而不是一直消极地活在过去的不快中。当注意力集中到新的目标上后，就没有时间和精力再去反复回忆过去种种不快乐的事情了。

对我们来说，不管以往的记忆是愉快的还是痛苦的，不管这些记忆是刻骨铭心的还是无关痛痒的，他们最终都会消失在时间的长河之中。我们要努力的就是减少遗忘痛苦的时间,增加快乐存续的时光,这样,我们生活中的快乐就永远大于痛苦,满足就永远大于失望。

我们知道,生活中不乏酸甜苦辣各种滋味,有些境遇会让人快乐,但也有很多境遇会给人带来不愉悦的感觉。对于那些容易让我们不快乐的经历及境遇,要学会一笑置之。

一笑置之是一种人生的大彻大悟。诗人徐志摩有句名言是这样说的:"我将于茫茫人海中,寻访我唯一灵魂之伴侣,得之,我幸;不得,我命"。虽然这句话是他的爱情宣言,但是我们依然可以从中深刻地感受到一位浪漫主义诗人的坦荡胸怀。陆游是宋朝著名的诗人,他同样也在诗《书梦》写道:"一笑俱置之,浮生故多难。"这些伟大诗人的情怀无一不表露出一种智慧的人生观。一笑置之,是一种看淡风云、大彻大悟的心境;相反,有些人过于看重身外之物,自己的人生也因此而压抑不堪。

  唐朝的卢承庆处事公正,因此唐太宗特任命他"考功员外郎",负责管理官吏考核。有一次,在卢承庆考评官员的过程中,有一位管理漕运的官员,因粮船沉水而失责。卢承庆便给这位官员写下了"失所载,考中下"的评语。然而出乎他的意料的是,那位官员听后,不但没有提出任何意见,也没有任何疑虑的表情,并且一点也不生气,很坦然地接受了。卢承庆继而一想,粮船翻沉,虽然有他个人的原因,但也不是他个人能力可以挽救的,于是改为"中中"等级、只见那位官员仍然没有发表意见,既没有说什么虚伪感激的话,也没有什么激动的神色,只是一笑置之。卢承庆看多了奉承嘴脸,很赞赏他的这种人生态度,脱口称赞他:"宠辱不惊,难得难得!"最后把他的评语改写为:"宠辱不惊,考中上。"

意大利著名诗人但丁说过这样一句名言:"走自己的路,让别人去说吧。"

其字里行间中透露出的也是一种轻松的人生态度。面对是非，一笑置之，看似消极，实则是一种积极的人生智慧。那位管理漕运的官员的做法就是这样，当面对不好的评语时，他没有处心积虑地百般为自己辩解、开脱。当卢承庆为其更改评语时，他也没有巧言令色、阿谀奉承。最终，漕运官员宠辱不惊、坦然面对的处事态度为自己赢得了中上的成绩。人的一生总免不了跌宕起伏，有高峰也有低谷，智慧的人能明白这一点，当自己身上发生了不愉快的事情时也能做到坦然。眼下我们所经历的一切不过都是过眼云烟而已，它们都会随着时间的流逝而永远成为过去。

拿得起，放得下

放下之后，你会发现人生更加轻松，信念更加坚定！

俗话说："拿得起，放得下。"所谓"拿得起"，其实是指人在踌躇满志时的心态；而"放得下"，则是指人在遭受挫折或者遇到困难时应采取的态度。一个人来到世间，总会遇到顺境逆境、进与退等各种情形与变故。该放下的放不下，有时候反而会成为自己的一种负累。什么都想"拿得起"，最终你有可能一样也拿不起。生活给予你的是有限的生命、有限的资源，所以你必须放下一些不该拥有的，拿起一些适合你自己的。想"拿得"太多，你的生命如何承受？"放不下"任何东西的人，常常会因此失去很多更有价值的东西。

如果你总是抱怨生活劳苦，其实是你没有学会放下，你为何不尝试着放下一些拖累和包袱，让自己轻装前行呢？

不要把自己的生命浪费在最终要化为灰烬的东西上，放下那些自己不适合扮演的角色，放下那些束缚自己手脚的沉重包袱，用你旺盛的精力和无穷的智慧去追求自己真正应该有的东西，努力做好自己应该做的事情，追求自己的人生价值，实现自己的人生目标。

你的心情会因为放下了那些包袱和烦恼而变得轻松。放得下会使你变得更精明，更能干，更有力量。你可以从自身的条件和所处的环境出发，做自己力所能及的事情。倘若有不切实际的想法，你就要勇于放下。因为放下并不意味着失败，放下是走向生活的另一个起点，放下是另一个希望的诞生。

放下那份令你苦恼、令你纠结的感情吧！既然那段岁月已悠然远去，既然那个背影已渐行渐远，又何必要在一个地点苦苦守望呢？挥一挥手，果断地放弃，勇敢地向前走，前方的旅程中，一定会绽放更美丽的缘分之花！

放下满腹的忧怨，放下失恋的痛楚，放下受辱后的仇恨，放下心头难以言说的苦涩，放下费神的争吵，放下对名利的争夺，放下对权力的角逐……

放下城市的舒适，才能得到野花的清香；放下清晨甜美的酣睡，才能享受到晨练的快乐；放下开阔平坦的公路，才能想重拾往日羊肠小道的温馨……人生苦短，若想获得，必须放下，它可以让你轻装前进，忘记旅途的疲惫和辛苦；它可以让你摆脱烦恼忧愁，让整个身心在悠闲和宁静中收获安宁。

放下是一种心灵的自由，更是人生的大彻大悟。要拿起一样就要放下另一样。放下这个，是为了"拿起"那个，现在的放下，是为了将来的拿起。只要你有"不以物喜，不以己悲"的心境，对大悲大喜、功名利禄看得很轻很淡，自然也就容易做到"放得下"。只要你不把闲事常挂在心头，你的世界将会是一片光风霁月，自然会获得快乐的人生！

人的生命如舟，一生载不动太多的物欲与奢求。放下那些根本不可能实现或带你走上悲剧性道路的欲念吧！否则，生命之舟就会有沉没的危险。

停下匆忙的脚步

确立明确的目标,并制定出清晰的计划,是摆脱"人生匆忙症"的一个很有效的办法。

都市生活节奏越来越快,越来越多的人习惯了每天在匆忙中生活。总是想要赶紧把每件事情做完、做好,尽力提高效率,压缩时间以达到期望的目标。

大多数朋友都会有这样的感受——忙、累。每天忙忙碌碌,到头来却不知道收获的是什么。手机24小时开机,以方便随叫随到,解决工作中出现的问题。家里总有一块电池在充电,还有一台笔记本电脑,随时处在工作状态。最害怕的事情就是手机响。总是处在一级战备状态,神经绷得紧紧的。

遇上交通堵塞时心情顿时变得很糟糕;遇上写字楼电梯爆满挤不上去时会变得勃然大怒;在等待结账时会感到不耐烦……时间永远不够用,任务永远做不完。但是等到偶尔清闲下来,却会突然感到不习惯,浑身不自在。

小李从小家境贫寒,家里人节衣缩食,好不容易支撑到她大学毕业。毕业后她一个人来到上海发展。

上海这个城市的生存压力很大,竞争很激烈。她把全部精力都放到了工作上,每天工作十多个小时,周六、周日经常加班。她的手机24小时开机,以方便随叫随到,不敢有半点懈怠,即便如此,她对自己的工作成绩总是不满意,把所有的业余时间都用在了研究资料上,除夕那一天还为了业务上的事情往美国发传真。

后来,小李嫁到了成都,在家里做起了全职太太。突然离开了紧张的工作,她的心就像被抽空了一样的难受。白天,老公上班了,留下她一个人面对着空荡荡的房子发呆。她站在窗前,看着楼底下如蚁的人流和如水的车流,她开始莫名地心慌,浑身不自在。

和大多数忙碌的都市人一样,小李患了一种心理疾病,叫作"都市匆忙强迫症"。都市里的人们每天为大量的工作所包围,时间一长,内心无所归依,这种匆忙的状态被认为是一种心灵的彼岸,可以让自己无助的心靠岸,找到一种安全感。好像只要自己不停地忙碌,自己就可以拥有光明的前途,"钱途"就是锃亮的,"钱景"就是美好的;否则,就是倒霉的,不走运的,孤独的。

像小李这样在大都市打拼的人之所以总想让自己陷入一种忙碌的状态,是因为在她的心里缺少一个清晰、明确的目标。所以,当她闲下来时,焦虑、无聊、空虚、失落、抑郁等不良情绪就会占据她的内心,让她慌乱和不安。

聚会、旅行,推辞;书籍、电影,搁置;年假,作废。在每一个24小时里,除掉不充分的睡眠,除掉给孩子和家人所尽的少得不能再少的义务,余下的时间就只有工作、工作再工作。这无尽的责任与付出,最终积累成一种情绪:不快乐!甚至连自己都不知道自己为什么而活着。

如今,越来越多的人被这种不快乐所折磨。他们戏谑地称自己为"都市苦命人"。这苦命包括:贷款买了大房子没时间享受;办了健身卡没时间锻炼;忍着身体的不适没时间上医院;有漂亮的整体橱柜却没时间为在家中为自己做一顿可口的饭菜。工作像大雾一样弥漫在我们的生活中,稍无警觉,就变成了全部。能看到的是时间的缺失,而另外一些东西就像隐形了一样始终看不到。

确立明确的目标，并制定出清晰的计划，是摆脱"人生匆忙症"的一个很有效的办法。拿出一张纸，写下第一个问题：我一生的目标是什么？如果不好确立，可以想想童年、少年时的梦想，还有那些令你开心的事。不要受任何约束，想到什么就写下什么，然后想一下，为了实现目标，哪些事情是必须做的，哪些可以忽略。如果哪天我们不是处于忙碌的工作中，不妨先关掉手机，找几个好朋友喝茶聊天，好好地享受一下清净的生活。

第12章
如此简单，如此快乐

成功虽然与快乐之间不能够画等号，但成功往往能给我们带来快乐。但到底怎样才算成功，我们需要怎样的成功，我们又该如何获得成功？这仍然是一个没有标准答案的永恒课题。但是现实情况是成功不等于快乐，成功的人也不一定都是快乐的。如何才是真正的成功，秘诀就是，快乐第一，成功第二。

选择积极的心态

萨克雷是英国著名的作家,他有句名言是这样说的:"生活是一面镜子,你笑,它也笑;你哭,它也哭。"

在某电影制片厂的门口,每天都有许多群众演员辛苦地蹲守在那里,等待一个能让自己出镜的机会。而每天都会有一个瘦高的老头准时出现在这群人当中。他见谁的矿泉水或者饮料快喝完了,就会微笑着凑过去,用《路边的野花不要采》的曲调唱着:"你的瓶子我喜欢哪,喝完以后给我吧……"对方大都会将水喝完后微笑着把瓶子递给老头。

听一些群众演员说,这个老头是他们中的"老戏骨"了,演了近二十年。虽然还属于群众演员那一类,不过已经相当厉害,现在一演戏就是"特约"。他没事儿就捡饮料瓶,顺便和在场的诸位逗逗乐子。大家都喜欢叫他"老头",没有贬义,而是亲切。他也很喜欢这个称呼,自己都称自己为"老头我……"。

有人问这位老人为什么这么快乐。他笑着回答说:"太阳每天东升西落,睡一觉就又是一天开始。既然每天都是如此,为什么不让自己快乐些呢?"这样的回答似乎太过简单,但你若仔细品味就不难发现,虽没有晦涩的叙述,老人的回答却饱含着深深的意蕴,那是他用生活积淀出来的大智慧。

开心是一天,不开心也是一天,我们何不让自己的心情变得更快乐呢?

又何必非要跟自己过不去呢？人生短短几十年，如白驹过隙一般。如果总以悲观的态度看待这个世界，快乐就永远不会出现在你左右，所以，无论在什么境况下，都应该选择一种乐观而自信的快乐心态，并以此来面对生活中的一切。因为快乐的心情可以增加你的勇气，能够让你更有效率地战胜挫折和困难。

拿破仑·希尔是著名的成功学大师，他曾经说过这样的话："积极的心态，就是心灵的健康和营养，这样的心灵，能吸引财富、成功、快乐和身体的健康；消极的心态，却是心灵的疾病和垃圾，这样的心灵，不仅排斥财富、成功、快乐和健康，甚至会夺走生活中已有的一切。"他还说："人与人之间只有很小的差异，但是这种很小的差异却造成了巨大的差异！很小的差异就是所具备的心态是积极的还是消极的，巨大的差异就是成功和失败。"由此可见，保持一个良好的心态对我们的事业和生活是至关重要的。

任何事情都是有其两面性的，关键是你从哪个角度去看，用什么心态去面对。当面对生活中的困难时，心态积极的人总是会看到事情好的一面，心态消极的人则会看到事情不好的一面，进而也就带来了两种截然不同的结果——心态积极的人会经常体会到生活的快乐与美好，那些心态消极的人则会终日愁眉不展，态度的改变也在很多时候都会直接影响到事情最终的结果。

其实，事情本身并不会直接对心情产生好的或坏的影响，左右你的快乐或悲伤的是你对事情的态度。消极的心态只会增加你的负担，加大你前进的阻力；积极的心态不仅有助于解决问题，还能帮你激发自身的潜能，带你走向成功之路。

掌握快乐的主动权

一位作家说:"如果我们觉得自己很可怜,很可能会一直感到可怜。"道理相同,假如你感到快乐,你很可能会一直感到快乐。

决定是否快乐的关键在于你自己。因为,我们不能控制生命的长度,但可以把握生命的宽度;我们不能预知明天,但可以过好今天;我们不能左右天气,但可以改变心情;我们不能改变容貌,但可以展现笑容;我们不能要求结果,但可以掌握过程;我们虽然不能样样顺利,但至少我们可以事事尽力。

一天,一个学者在外散步,看见一个警察愁眉苦脸地站在路旁,就上前问那位警察:"什么事情让你如此烦恼?"

警察回答说:"我一天到晚地巡逻,但是每天却只能收入10美元,这样的工作简直是在浪费时间。"

一会儿,一个灰头土脸的扫烟囱的人兴高采烈地走过来,学者问他:"这么快乐,一天一定能有很多收入吧吧?"

扫烟囱的人回答:"只有5美元。"

学者又继续问:"一天才拿5美元,你怎么还这么快乐啊?"

扫烟囱的人惊讶地说:"我为什么不快乐呢?"

警察鄙视地说:"只有垃圾才喜欢和垃圾打交道的工作。"

学者严肃地说："你错了，警察先生，你每天被工作奴役着，他却每天都在干着使自己愉悦的工作，他的人生一定比你的人生更精彩！"

在旁人看来警察的工作已经相当不错，但他仍然不满意，因而终日愁眉苦脸，生活得很不快乐；扫烟囱的人，尽管收入不高，工作还又脏又累，但却活得很快乐。可见，快乐与否的主动权完全在自己手中，那位警察不快乐的原因并非真的因为薪酬太少，而是他已经成为工作和生活的奴隶，不懂得去运用自己的主动权。扫烟囱的人，才是一位真正的智者，他懂得如何去充分运用自己的自主权去选择快乐，他才真正是自己快乐的主人。

著名专栏作家哈理斯和朋友在报摊上买报纸，那朋友礼貌地对报贩说了声谢谢，但报贩却始终板着脸，一言不发。
"这家伙态度很差，是不是？"他们继续前行时，哈理斯问道。
"他每天晚上都是这样的。"朋友说。"那么你为什么还这么客气的对待他？"哈理斯疑惑地问道。
朋友答道："我为什么要让他来决定自己的行为？"

一个成熟的人是不会期待别人使他快乐的，他往往能自己握住自己的快乐，而不会将自己的快乐建立在他人的态度上。
一位女士抱怨道："我活得很不快乐，因为先生常出差不在家。"她快乐的主动权被先生所掌握。
一位妈妈说："我的孩子不听我的话，我很生气！"她把快乐的主动权交在孩子手中。
男人可能说："上司不赏识我，所以我情绪低落。"他把快乐的主动权交在老板手中。

婆婆说:"我真命苦!我的儿媳妇不孝顺。"她把快乐的主动权交在儿媳妇手中。

这些人都做了相同的决定,他们的心情完全由别人所掌控,他们都将快乐的主动权交在别人的手中。

快乐不是别人给的,而是由自己控制的。生活中有太多不确定的因素,突如其来的变化可能随时会扰乱我们的心情,这个时候掌握快乐的主动权就显得很重要了。与其随波逐流,自暴自弃,不如随时调整自己的心情,自己做快乐的主人。

平静是一种幸福

平静是一种幸福，真正在喧嚣都市中生活的人们，往往更加珍惜平静的弥足珍贵。与平静的生活相比，追逐名利的生活显得那么的渺小。

平静是一种幸福，它如智慧般宝贵，它有高于黄金的价值，而真正的平静是心理的平衡，是心灵的安静。如果一个人能丢开杂念，就能在喧闹的环境中感受到平静的内心。

有一个小和尚，每次坐禅时都觉得好像有一只大蜘蛛在他眼前织网，无论怎么做都赶不走这只大蜘蛛，他只好向师父求助。师父就让他坐禅时拿一支笔，等蜘蛛来了就在它身上画个记号，看它来自何方。小和尚照师父交代的去做，当蜘蛛来时就在它身上画个圆圈，蜘蛛走后，他便安然坐禅了。

做完功课，小和尚定睛一看，那个圆圈就画在了自己的肚子上。原来困扰小和尚的不是蜘蛛，而是他自己，蜘蛛就在他心里。由于他心不静，所以才感到始终难以入定，正如佛家所言："心地不空，不空所以不灵。"

智慧的珍宝是心灵的平静，它来自于长期、耐心的自我控制，心灵的安宁意味着一种成熟的心态以及对事物规律的不同寻常的把握。

没有人不向往平静的生活，然而，生活的海洋里因为有名誉、金钱、车子、房子等各种因素的兴风作浪而难以宁静。许多人整日被自己的欲望所驱使，好像胸中燃烧着熊熊烈火一样。一旦受到挫折，得不到满足，便好似掉入寒冷的冰窖中一般。生命如此大喜大悲，又怎么可能获得平静呢？人们因为毫无节制的狂热而骚动不安，因为不控制欲望而浮沉波动，快节奏的生活，令人难以承受的噪声，以及无节制地对环境的污染和破坏，都让人难以平静。环境的搅拌机随时都在搅乱人们心中的平静，让人遭受浮躁、烦恼的干扰。

　　然而，生命的本身是宁静的，只要内心不为环境所扰，不为外物所惑，就能做到像陶渊明那样虽然身在闹市而内心无车马之喧，这是"心远地自偏"的真实写照。

正确的选择令生活充满愉悦

  正确的选择，可以解脱心灵；正确的选择，能让生活简单而愉悦，承载起满满的幸福；正确的选择，可以让生命镇静从容，幸福如涓涓细流。

  人生在世，时时刻刻都感受到来自外界的诱惑，一旦有了功名，就会对功名放不下；有了事业，就会对事业放不下；有了金钱，就会对金钱放不下；有了爱情，就会对爱情放不下。当得到的东西超过了生命的承载力时，我们就会无力负荷。

  此刻，你该如何选择？留下什么，舍弃什么，这个问题变得尤为重要。稍有不慎，就会让幸福从身边溜走。

  有位中年人觉得自己生活压力太大，日子过得非常沉重，因此去向一位智者求教，想要寻求解脱的方法。

  智者给了他一个背篓，让他背在肩上，指着前方一条坎坷的道路说："当你向前走一步的时候，就弯下腰来捡一颗石子放到背篓里，然后看看你会是什么样的感受。"

  中年人照着智者的指示去做了，他后背的背篓里装满了石头，智者问他这一路走来有什么感受，他回答说："我感到越走越沉重，越走步伐越艰辛。"

  于是智者说："每一个人来到这个世上时，就像背负着一个空背篓一样。我们每往前走一步就会从这个世界上捡一样东西放进去，因此才会有越来越累的感觉。"

中年人又问："请问，有什么可以减轻人生重负的方法呢？"

智者反问他："你是否愿意将家庭、事业、朋友、名声、财富舍弃掉呢？"那人无法回答禅师的提问。

智者又说："每个人装进自己背篓里的东西，都是从这个世上寻来的，但是你拾的太多，又不肯放弃其中的一些，你的生命终将无法承受，现在决定了你的选择吗？留下什么，丢下什么？"

中年人没有回答，反问智者："这一路上，您又留下了什么，丢下了什么？"

智者大笑道："留下心灵之物，丢下身外之物。"

背篓里的石子代表着现实生活中的功名利禄，得到的越多，步履越沉，反倒是心灵之物，装得越多，越有智慧，看待事物也越简单。就像故事里的智者一样，身无一物，却智慧满怀。可见，在缤纷的社会中，学会选择是一件十分重要的事情。正确的选择，可以使心灵获得解脱，让自己活得洒脱；正确的选择，能让生活简单而愉悦，承载起满满的幸福；正确的选择，可以让生命镇静而从容，幸福如细水长流。

释尊禅师有一天在寂静的树林中坐禅。太阳斑驳的影子撒在地上，即使闭着眼睛也能感觉到它的晃动。微风轻轻地拂过树梢，发出悦耳的沙沙声。

远方突然传来一阵隐约的嘈杂声，声音越来越近，寂静的树林将声音映衬得十分清楚，原来是一对男女在争吵。

过了一会儿，一名女子慌忙地从树林中跑了过来，她太专注了，以至于从释尊禅师面前跑过去，竟然一点也没有发现禅师。之后又出来一名男子，他走到释尊禅师面前，非常生气地问他："你有没有看见一个经过这里的女子？"

禅师问道："你为什么这么生气？发生了什么事吗？"

阳光透过树叶，在男子脸上形成斑驳的阴影。他目光凶狠地说："这个女人把我的钱偷了，我不会放过她，一定要抓住她！"

释尊禅师问道："为了一个逃走的女人而迷失了自己的方向，哪一个更重要？"

听到禅师这样问自己，青年男子站在那里，愣住了。

释尊禅师再问："找逃走的女人与找自己，哪一个更重要？"

青年男子眼睛里流露出惊喜的神色，他瞬间恍然大悟了！青年低下头，重新抬起头时脸上洋溢着平静的神色，怒气早已消失不见了。

有句俗语说得很好："天下熙熙，皆为利来；天下攘攘，皆为利往。"贪污、腐败者们追求的不外乎丰盛的食品、身体的安适、漂亮的服饰、绚丽的色彩和动听的音乐这些外在之物，其实，这些东西到头来仍然是竹篮打水一场空。

什么是真正的刚强？一个人有欲望是刚强不起来的，碰到你所喜好的，就非投降不可。俗话说无欲则刚，真正刚强的人是不被任何欲望控制的。人到无求品自高，只有到了一切无欲之时才能真正刚强，才能作为一个大写的人，真正屹立于天地之间。

淡泊以明志，宁静而致远。想要从容地面对自己的生活，我们必须要拥有一颗宁静的心。

似乎很多时候，我们在困窘的处境时会有更多的渴望，然而，一旦陷进"追逐物欲"的泥淖中迷失了自己，想要抽身出来就不容易了。找到自己的本心

第12章 如此简单，如此快乐

比寻回丢失的钱袋更为困难。太多不切实际的杂念，往往成为我们登上人生顶峰的最大阻碍。这时候，如果你能够让自己的心平静下来，外界的一切就都不会对你形成干扰，你就可以得到你想要的一切。

淡泊，让幸福清净而从容

保持一分淡泊，人生就多一分幸福。

我们在现代社会中追求效率和速度的同时，却在逐渐丧失作为一个人的优雅。那种恬静如诗般的岁月对现代人来讲已成为最大的奢侈和批判对象。繁忙与喧嚣中淹没了内心的声音。物的欲望在慢慢吞噬人的灵性和光彩，我们留给自己的内心空间被压迫到最小，甚至狭隘到失去"风物长宜放眼量"的胸怀和眼光。种种千奇百怪的心理疾病开始缠绕着我们，心理医生和心理咨询师在我们的城市也渐渐走俏，我们去求医，去问诊，然后期待在内心阴郁的日子里寻求心灵的平衡。其实，生活大可不必费如此大费周章。

老街上有一位老铁匠，由于现在早就没有人需要打制铁器，所以他现在改卖斧头、铁锅以及拴小狗的链子。

他依旧保持着古老传统的经营方式：人坐在门内，货物摆在门外，不吆喝，不还价，晚上也不收摊。无论你什么时候从这儿经过，都会看到在竹椅上躺着的铁匠，手里拿着一个半导体收音机，身旁放着一把紫砂壶。

他的生意也从来没有过大起大落，每天的收入刚够他喝茶和吃饭。他老了，也不再需要多余的东西，因此对目前的这一切，他感到非常满足。

一个文物商人有一天从老街上经过，偶然看到老铁匠身旁的那把紫砂壶，那把壶古朴雅致，紫黑如墨，和清代制壶名家戴振公的风格十分相像。他走过去，顺手端起那把壶。壶嘴内有一记印章，果然是戴振公所制。商人惊喜不已。他端着那把壶，想以10万元的价格买下它。当他说出这个数字时，老铁匠先是一惊，然后拒绝了他，因为这把壶是他爷爷留下的，他们祖孙三代打铁时都喝这把壶里的水，他们打铁时的汗也都来自这把壶里的水。

虽然没有卖掉壶，但商人走后，老铁匠有生以来第一次失眠了。这把壶他用了近60年，并且一直以为是把普普通通的壶，现在竟然有人要以10万元的价格买下它，他一时间难以接受这个事实。

过去他在椅子上躺着喝茶，都是闭着眼睛把壶放在小桌上，现在他总要坐起来再看一眼，这让他非常不踏实。最让他不能容忍的是，当人们知道他有一把价值连城的茶壶后，蜂拥而至，有的开始向他借钱，有的问还有没有其他的宝贝，更有甚者，晚上推他的门。他的生活被这把茶壶彻底打乱，却又不知该怎样处置这把壶。

那位商人带着20万元现金第二次登门拜访，老铁匠再也坐不住了。他招来左右店铺的人和周围的邻居，拿起一把斧头，当众将紫砂壶砸了个粉碎。

据说，老铁匠直到102岁，还在卖铁锅、斧头和拴小狗的链子。

淡泊是生命盛开的鲜花，是一种境界。淡泊在心，在于修身养性。淡泊无处不在，只要有心，高朋满座时，不会忘乎所以；曲终人散时，不会郁结于心；成功之时，不得意忘形；失败之时，不心灰意冷。淡泊过滤出浅薄粗率等人性的杂质，可以沉淀出生活中许多纷杂的浮躁，可以避免许多鲁莽、无聊、荒谬的事情发生。淡泊是一种心态、一种修养、一种充满内涵的悠远，能让人们在生活中安之若素，始终从容而幸福。

化繁为简的幸福准则

每一个人都在通过自己独特的途径探索最简单的、最符合心灵需求的新的生活方式，以取代目前日渐奢侈与烦冗的生活。这也正是追求简单生活所要做的事情。

快乐的源头在于简单的生活，为我们省去了汲汲于外物的烦恼，又为我们开阔了身心解放的快乐空间。"简单生活"并不是要你放弃追求、放弃劳作，而是诚实地面对自己，想想自己的生活中真正想要的是什么，然后要抓住生活、工作中的本质及重心，以四两拨千斤的方式，去掉那些世俗浮华的琐碎之事。

东晋著名的田园诗人陶渊明，由于看不惯官场的黑暗来往，毅然决定辞官归里，过着"躬耕自资"的生活。夫人翟氏，与他志同道合，安贫乐道，"夫耕于前，妻锄于后"，共同劳动来维持生活，与劳动人民息息相关，日渐接近。

归田之初，他们的生活过得还算不错。"方宅十余亩，草屋八九间。榆柳荫后檐，桃李罗堂前。"陶渊明爱菊，宅边遍植菊花。"采菊东篱下，悠然见南山。"这些出自陶渊明的诗至今脍炙人口。他性嗜酒，饮必醉。朋友来访，无论贵贱，只要家中有酒，必与同饮。他要是先醉了，就对客人说："我醉欲眠卿可去。"

义熙四年，由于家中失火，生活变得困难，于是迁至栗里（今星子温泉栗里陶村）。如逢丰收，还可以"欢会酌春酒，摘我园中蔬"。

如遇灾年,则"夏日抱长饥,寒夜无被眠"。义熙末年,有一个老农清晨敲响了他们家的大门,与他同饮,劝他出仕:"褴褛屋檐下,未足为高栖。一世皆尚同,愿君汩其泥。"大概意思是说让他混迹于官场,为了摆脱穷苦的生活,融入官场的黑暗也未尝不可。可是陶渊明拒绝了,他对老农说:"我若想过如此的生活,又何必落到今日这般田地?我不适合在官场生活,还是算了吧。"

陶渊明到了晚年,生活愈来愈贫困。有的朋友主动送钱周济他,他也不免有时上门请求借贷。颜延之是陶渊明的老朋友,任始安郡太守,他在浔阳时,每天都到他家饮酒。临走时,给他留下两万钱,他把钱全部送到酒家,继续饮酒。依旧粗茶淡饭,每天吃的菜都是自己在院子里亲手种的。

这种生活方式也许该算是最彻头彻尾的"简单生活"了。陶醉于山水之中,自己耕种自己收获,不被世俗所束缚。

恢复简单的心境,用简单的思想经营生活,就能有不一样的体验。当然,很多人对"简单"有一定的误解,觉得"简单的生活"就是清淡和贫苦,是受罪的同义词。可能我们自己也知道,奢华的东西并不一定能让我们感觉到精神上的富有,也并不是大房子和汽车能够充盈我们的心灵。有时候,一顿简单的晚餐、一张简单的卡片,一句简单的问候或者一首简单而又甜美的小诗,就能够让我们的内心得以满足,让我们拥有幸福的生活。

生活,不需要很奢华,简单的人生也可以恰到好处地诠释幸福的真谛。

住在田边的蚂蚱对住在路边的蚂蚱说:"你这里太危险了,搬到我这边来住吧!"路边的蚂蚱说:"我懒得搬了,在这里已经住习惯了。"几天后,田边的蚂蚱去探望路边的蚂蚱,却发现它已被过路的车辆压死了。

——原来改变命运的方法很简单,远离懒惰就可以了。

一只小鸡破壳而出的时候,刚好有只乌龟经过,看到乌龟的样子以后,小鸡就打算背着蛋壳过一生。它受了很多苦,直到有一天,它遇到了一只大公鸡,才改变了它的生活。

——原来摆脱沉重的负荷很简单,只要寻求名师指点就可以了。

一个孩子对他的妈妈说:"妈妈你今天好漂亮。"母亲问:"为什么?"孩子说:"因为妈妈今天一天都没有发脾气。"

——原来要变得漂亮很简单,只要不生气就可以了。

一位农夫,每天都叫他的孩子去田地里辛勤劳作,朋友对他说:"你不需要让孩子如此辛苦,农作物也一样可以长得很好的。"农夫回答说:"我是在培养我的孩子,而不是在培养农作物。"

——原来培养孩子的道理就是如此简单,让他吃点苦就可以了。

有一家商店始终灯火通明,有人问:"你们店里用的灯管到底是什么牌子的?那么耐用。"店家回答说:"不是我们的灯管耐用,只是我们坏了就换而已。"

——原来保持明亮的方法很简单,只要将换掉坏的灯管就可以了。

有一支在沙漠中行走的淘金队伍,大家都拖着沉重的步伐,痛苦不堪,只有一人快乐地走着,别人问:"为何你如此惬意?"他笑着说:"因为我带的东西最少,我的包袱最轻。"

——快乐其实很简单,只要卸下多余的包袱就可以了。

刘心武是著名的作家,他曾经说过这样一句话:"在五光十色的现代世界中,应该记住这样古老的真理:活得简单才能活得自由。"

在这里,可能简单也需要一部分的调整,但是生活的大体方向不曾改变,原本的生活里有什么,我们就享用什么,不需要过多繁复的修饰,而是遵循生命本身带来的喜悦。

简单是一种不刻意的自然的表象,它不是做作,它是粗陋,而是大彻大悟之后的一种真正的升华。

了解电脑的人都知道,在系统中安装的应用软件越多,电脑运行的速度就越慢，除此之外，在电脑运行的过程中，还会有大量的垃圾文件以及不断产生的错误信息，若不及时清理掉，不仅会影响电脑的运行速度，还会造成死机甚至整个系统的瘫痪。所以必须定期地清理不必要的软件，删除垃圾文件，这样才能使电脑始终保持正常运转。

我们的生活类似于电脑系统，现代人的生活太复杂了，到处都充斥着金钱、功名、利欲的角逐，到处都充斥着新奇又时髦的事物。当我们被这样复杂的生活所牵扯时，还能不疲惫吗？如果你想过一种幸福快乐的生活，就应当卸下太多不必要的包袱，要学会删繁就简。当托尔斯泰笔下的安娜·卡列尼娜以一袭简洁的黑长裙在华贵的晚宴上亮相时，她的那种美貌与惊艳，令周遭的妖娆"粉黛"颜色尽失。所以，去除烦躁与复杂，恢复本真，才能让我们的人生释放最原本、最真实的光芒。

简单地做人，简单地生活，按照自身的喜好安排自己的生活，想想也是很美好的。金钱、名利、出人头地、飞黄腾达，当然是一种人生；能心静如水，无怨无争，不依附权势，不贪求金钱，拥有一份简单的生活，也是一种惬意人生。

改变环境，不如改变自己

面对复杂多变的环境，要随时随地地去学会适应环境、改变自己，这才是一种明智而切实可行的做法。

变色龙这种动物非常温顺，然而它们却能够生存于地球的各个角落——无论是干旱无比的沙漠，还是寸草不生的险峰。它们悠然行走的踪影遍布世界各地。它们没有利爪尖牙，也没有强壮的四肢，它们到底是怎样生存下来的呢？可以说，变色龙得以生存的一个最重要的法宝是随着环境的变化而变化。

我们在生活中，也需要具备像变色龙一样的适应能力。绝不应去不自量力地去妄图改变环境，否则，你的人生将有可能充满无奈与失意，终将与成功和快乐无缘。根据周围环境的变化改变自己，而不是徒劳地妄图去改变环境，这样，你才能一步步走向成功和快乐，这是一种处世哲学，也是人生的最高境界。

一只正在搬家的猫头鹰，在路上遇到了斑鸠。斑鸠问猫头鹰："你要搬到哪里去？"猫头鹰回答："我要搬到东方去。""你一直住在西方，为什么要搬到东方去？"斑鸠不解地问。猫头鹰长叹了一口气，心情沮丧地回答："因为我在西方实在住不下去了，这里的人都讨厌我在夜里唱歌！"听完猫头鹰的诉说，斑鸠劝道："你唱歌的声音的确很难听，尤其在夜间更是打扰别人睡觉，难怪大家会讨厌你。可是如果你能把自己的声音改变一下，或者不在夜间歌唱的话，不就可以继续住下去了吗？否则，即使你搬到东方去，那里也一样不会有人喜欢你的。"

我们在生活中也常常可以遇见"猫头鹰"式的人，他们因为自身存在缺点而受到挫折，却从不在自己身上找原因，反而一味地自怨自艾、怨天尤人、抱怨环境。总是觉得如果环境不同，自己的境遇就会有所不同，从来没有想过从自身寻找原因，以改变自己。与其费尽心机去改变周围的环境，还不如及时找出自己的缺点和不足，并加以改正。

有时候我们总是凭着自己的愿望想要去改变些什么；总是认为别人的做事方式不合自己的意愿，自己所处的环境让自己不舒服，但是如果让所有的人都来适应你，是一个特别幼稚的想法。我们生活在一个大的环境中，只有适当地去调节自己，让自己更加适应这个环境才是智者所为。当你用一种良好的心态去面对周围的事物时，你会发现自己所处的环境并没有那么糟，甚至在这个环境中过得比以前更好。

在美国新泽西州的一所小学里，有一个特殊的班级，由26个曾经失足的孩子组成。家长、老师和学校都对他们失望透顶，甚至想放弃他们了，但一位名叫菲拉的女教师却主动要求接手这个班。第一节课开始了，菲拉并不像以前的老师那样整顿班级的纪律，而是在黑板上给大家出了一道选择题，她列出3个候选人，让学生们根据自己的判断选出一位他们认为能够在未来造福于人类的人。

A. 笃信巫医，嗜酒如命有多年的吸烟史，还有两个情妇。

B. 每天都要睡到中午才起床，曾经被两次赶出办公室，每晚都要喝大约1升的白兰地，还吸食过鸦片。

C. 曾是国家的战斗英雄，不吸烟，偶尔喝一点啤酒，一直保持素食的习惯，年轻时从未做过违法的事。

大家都认为C是那个造福人类的人，这时菲拉老师公布答案，A是连续担任过四届美国总统的富兰克林·罗斯福；B是英国历史上最著名的首相温斯顿·丘吉尔；C是法西斯恶魔阿道夫·希特勒。

这个结果，出乎所有孩子的意料。菲拉满怀激情地告诉大家："孩子们，过去的荣誉和耻辱只能代表过去。真正能决定一个人一生的，是他现在和将来的作为。所以，从现在开始，只要努力为自己一生中想做的事而奋斗的话，你们一定都能成为了不起的人。"菲拉的这番话，改变了这26个孩子一生的命运。

这个故事告诉我们，自己过去和过去所处的环境并不重要，只要你愿意在新的环境中做出改变，愿意付出努力，你的人生就可以走出一条崭新的道路。